つかめ！理科ダマン

みんなが実験に夢中！編

6

シン・テフン 作　ナ・スンフン まんが
呉華順 訳

マガジンハウス

シンとジュリのママ。
小言を言ってばかりだが、一家の頼れる存在。
テレビが大好き。

シンの妹。
受験をひかえた高校３年生。食べることとマンガを読むことが大好きで、その時の集中力はすさまじい。

※マンガの中で登場人物の頭の上からぶら下がっているのは、心がブッ飛んでいかないようにしっかりつかんでおくための“ふしぎなロープ”なんだ。

変わり者の大学生。
昼に寝て、夜になったら起き出してゲームばかりしている。
しかし科学に関しては天才的で、知らないこともつくれないものもない。

シンのいとこ。
シンのパパとママにかわいがられている。
シンに科学を教えてもらっているお利口さんだが、じつはトラブルメーカー。

シンとジュリのパパ。
一生けん命働いてはいるものの、なぜかいつも怒られてばかり。

もくじ

1 鉄球を返して！

いろんな玉のなかから鉄球だけを集める方法は？

兄ちゃん おじちゃんと おばちゃん どうしちゃったの？ もう何週間もあのままでしょ？
デスバレーから 帰国して以来 ずっとあの調子…
もう日光はこりごりだから 当分の間は家に 引きこもるんだってさ！
ぐすん
おじちゃんとおばちゃんが かわいそうで泣いてるの!? 元気出して!!
いや!! ずっと家にいられると 落ち着いてゲームが できないから困るんだよ!!
出かけてくれないと ゲームしづらくて やってらんないよ!!
どっ
うわ〜ん!!!

兄ちゃん ぼく つまんないよ 遊んで〜！
やだね！ 悪いけど そんな 気分じゃないんだ!!
スルルッ
しばらく冬眠に入るから パパとママが出かけたら 起こしてくれ！
ふえん！
あぁあ つまんな…
ん？
これは…鉄球かな？

イヒヒ〜!!
えへへ〜!!
ピンポン
ピンポン
うん？
どなた…？
オホホホ
わたしよ！
冬に借りていたコートと
真珠のネックレス いまごろ
ごめんなさいね！
まあ まだいいのに！
それじゃ また！
バタンッ
えっ…!!

あらっ!!
ブチッ
きゃっ!!
バラ
バラ
もう なんで 切れるのよ!!
とりあえずここに入れて 直すのは今度に しましょ!
ザー
あれ?
なんだろ…!
わ〜! キレイな 玉〜〜!!

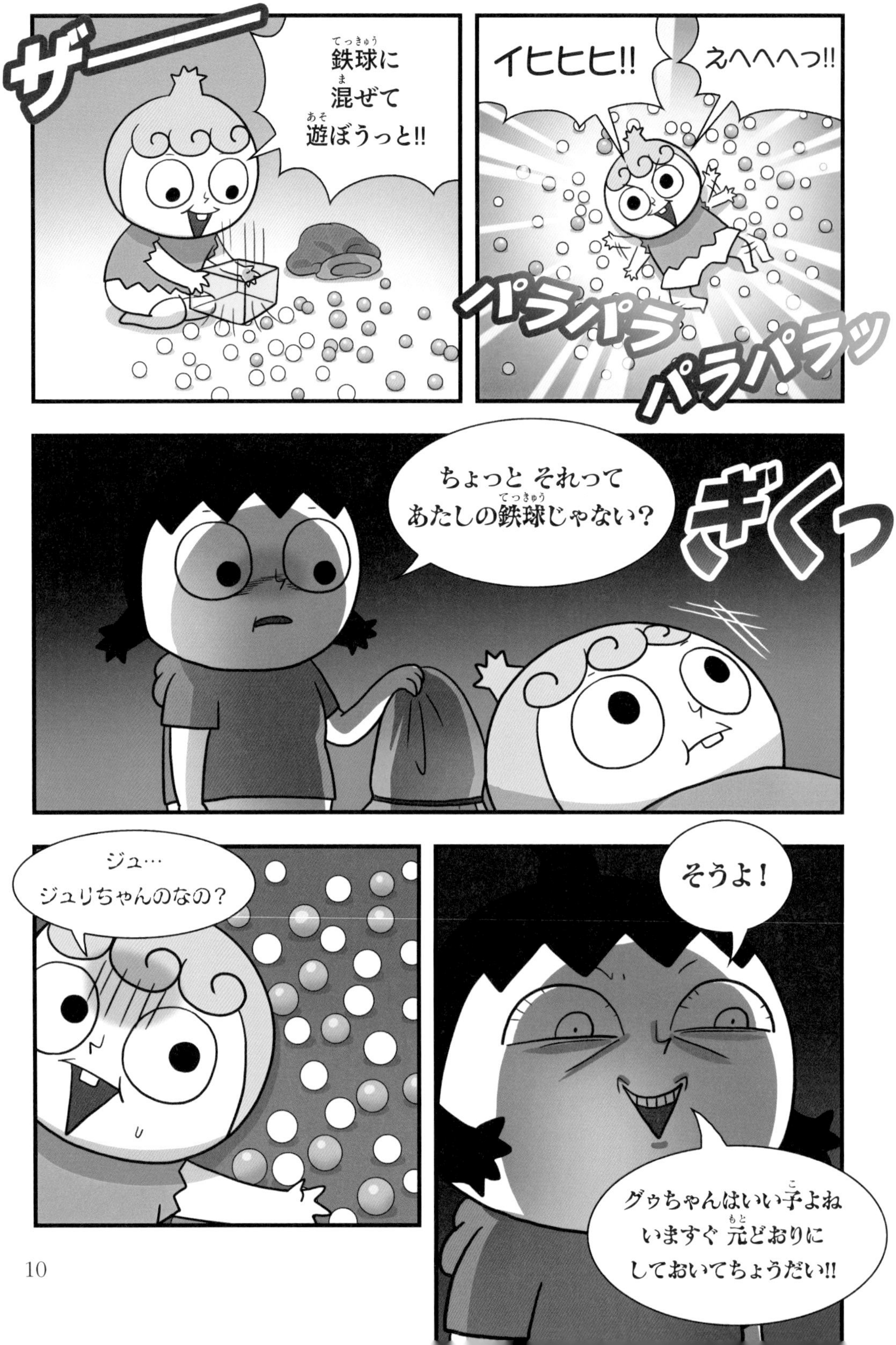
ザーー
鉄球に
混ぜて
遊ぼうっと!!
イヒヒヒ!!
えへへへっ!!
パラパラ
パラパラッ
ちょっと それって
あたしの鉄球じゃない?
ぎくっ
ジュ…
ジュリちゃんのなの?
そうよ!
グゥちゃんはいい子よね
いますぐ 元どおりに
しておいてちょうだい!!

プシュッ
兄ちゃん!!
起きて～!!
ゴン
ゴン
ゴン
…なんだよ？
鉄球とキレイな玉を混ぜて遊んでたら
鉄球はジュリちゃんのなんだって!!
鉄球だけを選ぶ方法はない？早く返さないと ぼく大変なことになるよ！
それなら磁石を使って集めればいいだろ！
磁石は引き出しに入ってるからそれを使え！
ったく そんなことで起こさないでくれよな…！
プシュー
ありがとう兄ちゃん!!

よし!!
これで助かった!!
ジーッ
わあ！ なにこれ すごぉい!!
鉄球だけがくっついてる!!
ピタ
ピタッ
ピタッ
ピタ
ピタ
ピタッ
ヘヘッ!!
回収成功〜!!
けど…これどうしよう？
鉄球のせいで
汚れちゃった！
しょうがない！ おばちゃんは
汚いのいやがるもんね!!
バ
サッ

つかめ！ 理科の常識

磁石にくっつく鉄球

たくさんのガラス玉のなかに鉄球が混ざっている場合、どうしたら鉄球だけをすばやく取り出すことができるかな？　それは鉄球の性質を利用すればかんたんだよ。

鉄球は鉄でできているから磁石にくっつく。だからガラス玉に混ざっている鉄球の近くに磁石を持っていけば、磁石には鉄球だけがくっついて、あっという間に選び出せるってわけ。

こんなふうに磁石を利用すれば、磁石にくっつく物質とそうでない物質をかんたんに分けることができるよ。この方法は、ごみのなかから金属資源を分けて、リサイクルする時にも使われているんだ。そのおかげで省エネにもなっているんだよ。

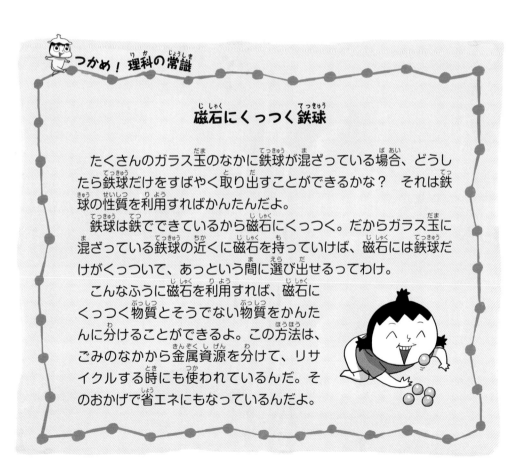

2 ろうそくの火も消せないなんて！

じょうごで、ろうそくの火は消せない？

ポカ
ポカ
ポカ
ママちょっと お買い物に行ってくるわね 部屋 散らかさないでよ…
…寝てる？
まあ ああしていてくれるのが 一番助かるわ あの子たちは！
おとなしくしてて ちょうだい！ ホホホホ〜!!
バタン
……！

よしっ！ママが出かけたぞ!! 急げ!!
オッケー!!
シャキーン
変！
身!!
安全
兄ちゃん！これもいるかな？
ああ！あったら便利だな!!
ママがスーパーからもどるまで 2時間しかない！
いますぐ始めるからゆかの妖精をしっかり押さえてるんだぞ！
パッ
おい！ゆかにいったいなにをする気だ!?

安全
ゴゴゴゴゴゴゴオ
ゲホ ゲホ
ゲホ ゲホ
ようし!!
これで
ここから新しい
研究室に入れるぞ！
びゅっ
ドン
ダダダ
ダダダ

安全
安全
トン
グリッ
グリッ
トン
トントン
トン
グリッ
研究室へのとびら
設置完了！
3!
2!
1!!
パパパッ
パパッ
安全
安全
ギィ
ただいま～！
起きてたの？
はい 母上！
すっきりした頭で
勉学にはげんで
おりまする！

そ そうなの！せいぜいがんばりなさい！
ふ～！あと1秒おそかったらバレるところだった！
『つかめ！理科ダマン』がなかったらあやしまれてただろうな！
ただいまぁ！
うん？この大量の油はなんだ？
スーパーで特売してたから一生分を買いおきしておこうと思って！
ちょうどよかったわ ドラム缶に全部移しかえてちょうだい！

ひえん！ オレがか？
この口小さすぎるし…！
ボト
ボト
ボト
……
じょうごって知って
いるかしら？
あは〜ん！
その手があったか!!
ひそひそ
ひえ〜！ それにしたって
248本は多すぎだろ!?
うでが
抜けそうだよ！
ボト
ボト
ボト
ボト
ガチャッ

おいシン!! ちょっと
手伝ってくれよ！
プル
ムリでございます
『理科ダマン』が
おもしろすぎて
一日中読んでいたら
ポトン
プル
うでに力が入らなく
なってしまいました！
『理科ダマン』なら
仕方がないな!!
ドボドボドボ
やっとわかったか！
じょうごはすぐれもの
なんだぞ！
兄ちゃん じょうごって
すごく便利な道具
なんだね！
そうだ！ いいことを
思いついたぞ！
グゥ！ そのじょうごで
ろうそくの火を消してみろよ！
ろうそくの火？

フッフッフ これで
火を消せだって…!
風が強すぎて 兄ちゃんまで
ふっ飛ばないといいけどね!
フーッ
フフフ
やってもらおう
じゃないか!!
ふん
これしきのこと!
ふぅっ!
ふー!
ふっ!!
ふうっ!!!
はらっ
ふつふつふう!
ふ〜〜〜っ!
ひらっ

兄ちゃん！ いったい どうなってるの？ この ぼくが ろうそくの火も 消せないなんて!?
フッフ 世の中そう あまくはないのさ！
空気のような気体は 物体の表面にそって 流れる性質がある！
ヤッホ〜！
だから じょうごでふいたら 空気はその表面を伝って 流れて
風がろうそくの火には ほとんど届かないんだよ！
ナニしてるの？
プ〜
そうなんだ！ 空気って すべり台が 好きだったんだね！
うん？ クンクン！
なんか焼き肉のような いいにおいが しないか？
ほんとだ！ なんだろうね！

ボッ
うわあ!!
火事だ!!!
実験する時は火の用心!!

つかめ！ 理科の常識

じょうごの表面にそって流れる空気

家庭にもよくある、液体をほかの入れ物に移す時に使うじょうご（ろうと）って知っているかな？　その細いほうから、ろうそくの火に向けて息をふいたら火は消えるか？　風のいきおいが強くなって火が消えそうだけど、実際にやってみると消えないんだ。

空気のような気体は、物体の表面にそって流れる性質がある。つまり、じょうごの先に口をつけてふいたら、空気はじょうごの表面にそって外に広がってしまうんだ。中央にはほとんど空気がいかないから、ろうそくの火は消えないってわけさ。

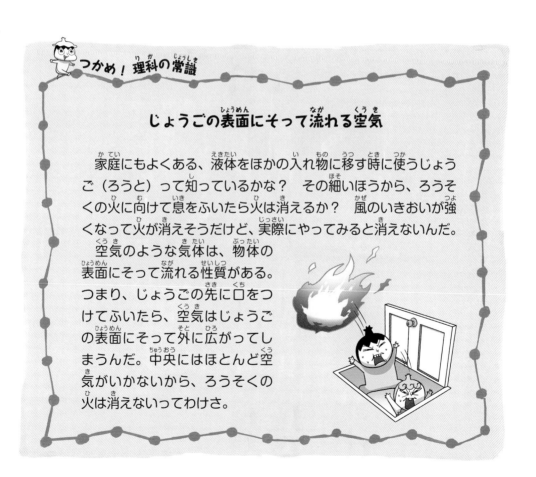

3 猛獣サーカス

紙コップの上に人が乗れるの？

ゴロン
ゴロン
兄ちゃん フライパンで焼かれるソーセージごっこもうあきたよ！
なんか ほかの遊びない？ もっと楽しいの！
残念ながら ボクがあみ出した 2488パターンのくだらない遊びも もう底をついた!!

うえ〜ん!!
楽しい遊びないの？
たとえば どんな？
うんと…前にパパと見た…
そうだ サーカス!!
うまくバランスをとってボールの上に乗るの！すごかったよ!!
はは〜ん サーカスか！
たしかに おもしろそうだな！よし ついて来い!!
そろり
そろり
そーっと
そーっと

ゴソゴソ
ゴソゴソ
なんでこんなの…？
シッ！ 声が大きい!!
そろり
そろり
スッ
ふ～！ 見つからずにすんだな!!
なんでこんなの持ってきたの？
フフフ サーカスといえば…
なんといっても猛獣だろ!!

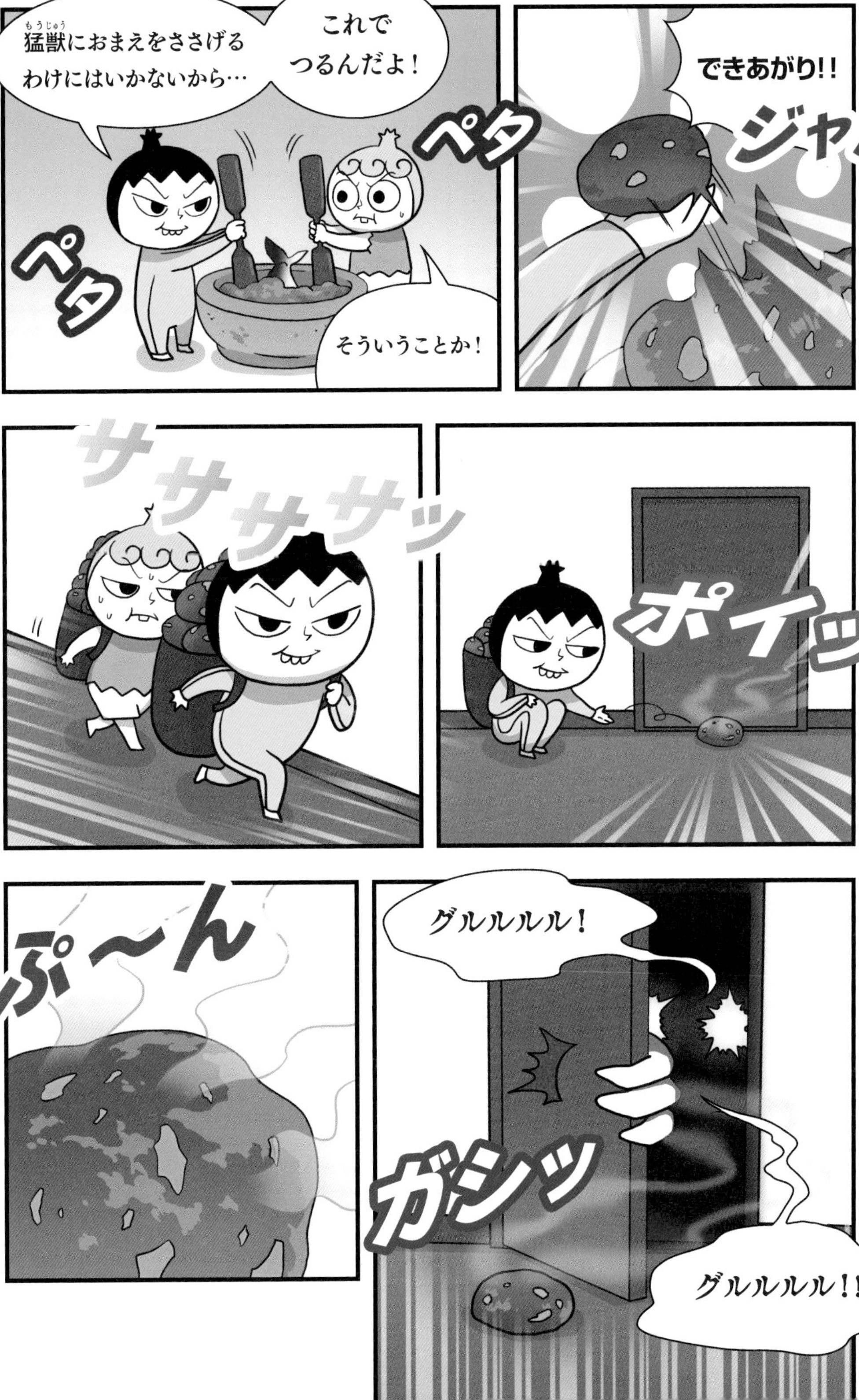
猛獣におまえをささげるわけにはいかないから…
これでつるんだよ！
ペタ
ペタ
そういうことか！
できあがり!!
ジャン
ササササッ
ポイッ
ぷ～ん
グルルルル！
ガシッ
グルルルル!!

グルルルル!!!
バク
バク
ジュリちゃん寝てるんだよね？
ああ まちがいなく寝てる！
モグ
モグ
それじゃあ まず紙コップを4こ逆さに置いて…
ポン
その上に板を置く！
最後にエサをのせたら…！
ヒュッ
グルルッ!!

わあ!! 重たいジュリちゃんが
軽い紙コップの上に乗ったら
一瞬にして ぺしゃんこに
なっちゃうよ!!
ビョーン
ガオォ!!
そんなバカな!!
ジュリちゃんが
乗っても つぶれ
ないだなんて!
クックック!
重みを分散
させれば
紙コップは
つぶれないのさ!
むしゃ むしゃ!!
ちょこーん

紙コップはなんと！ ひとつにつき約20 kg まで たえられるんだ！
こうして何段か 積み上げていって…
うわっ!! あんなに上まで!!
ドドドーン
あっ!!
ぺちゃん
高く積みすぎた くずれるぞ！
逃げよう!!
ぐらっ

つかめ！ 理科の常識

紙コップは力持ち

人が紙コップの上に乗ることはできるか？ 紙コップをひとつだけ立てて置いて、その上に人が乗ったらつぶれちゃうよな。じゃあ、4この紙コップを四角形の形に置いて、その上に板をのせて人が乗ったらどうか？ そうすると、じつはつぶれないんだ。

紙コップがひとつだと弱いけど、4この上に板をのせれば、その上にのせた物の圧力は分散されて、コップひとつに加えられる圧力は全体の4分の1に減少するんだ。ひとつのしっかりした紙コップがたえられる重さは20 kgくらいだから、4こなら80 kgくらいまでたえられるってわけさ。

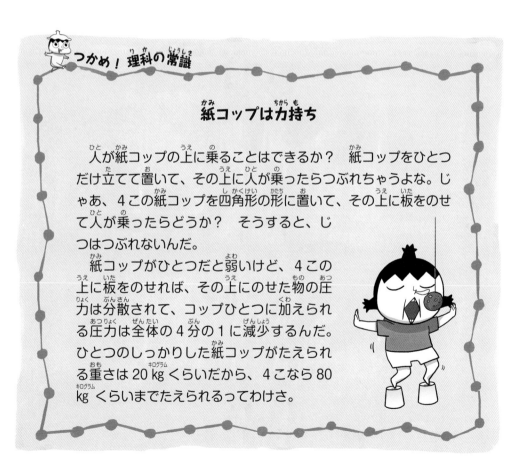

4 オレじゃないってば！

シャープペンシルの芯を光らせることができる？

兄ちゃん こういうの いつから集めていたの？
おまえよりずっと小さかったころからだよ！
兄ちゃん天才だったんだ！
おまえ…まさか…
いまごろわかったのか？これまで体内旅行や宇宙旅行まで行ってきたっていうのに！
ボクのこの天才的頭脳なくしてだれになしえたというんだ!?
そ…そうなの？

だって…ふつうに宇宙船とかつくってくれたから
だれにでもできるのかと思ったよ！
ハァ！ これだから天才はつかれる…！
それはそうと あんなに広い宇宙船の格納庫があるのに
実験室はなんでこんなにせまい場所につくったの？
ハァア…あそこは下りる時は楽だけど
上るのが大変だろう！
けど この新しい実験室はドアを開けて下りてくればいいだけだから楽だろ！
うん そうだね！

とにかく いつママに バレるかわからないから 用心するんだぞ！
はいっ！
ガタン
おや なんでこんなに 暗いんだ？ まさか停電か！
ギィイ
バチッ
ジジジ
おそうじ頼んだだけなのに ブレーカーまで 片づけてくれちゃって！
ま～ったく よく やってくれるわよね～！
ひいん…！

オレはただ ここに差しただけなのに！
バチッ
バチッ
まあ こんなに古いコンセントは捨てないと！ 火事でも起きたらどうするのよ!!
そ…そうだな
修理の人をよんだから あなたは動かずにじっとしててちょうだい…！
ふえん!!
ねえ兄ちゃん 電球ってどうして電気で光るの？
フッフ 聞かれると思ったぜ！
バッ
だから用意しておいたぞ！
強力バッテリー
おお！ やっぱり兄ちゃんって天才！
そんなわかりきったことはいいから
実験を始めるぞ！

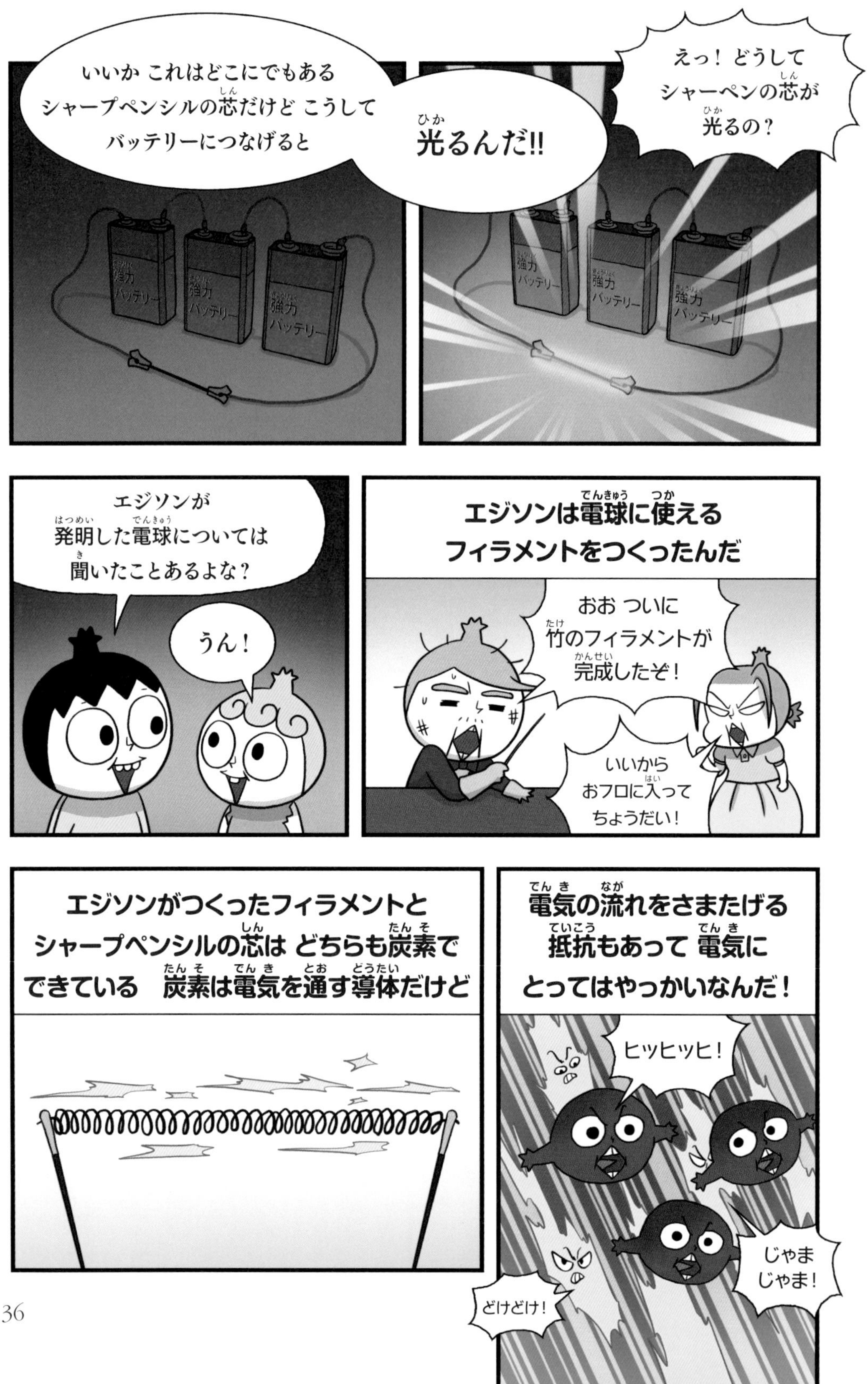

いいか これはどこにでもある シャープペンシルの芯だけど こうして バッテリーにつなげると
光るんだ!!
強力バッテリー
強力バッテリー
強力バッテリー
えっ！ どうして シャーペンの芯が 光るの？
エジソンが 発明した電球については 聞いたことあるよな？
うん！
エジソンは電球に使える フィラメントをつくったんだ
おお ついに 竹のフィラメントが 完成したぞ！
いいから おフロに入って ちょうだい！
エジソンがつくったフィラメントと シャープペンシルの芯は どちらも炭素で できている 炭素は電気を通す導体だけど
電気の流れをさまたげる 抵抗もあって 電気に とってはやっかいなんだ！
ヒッヒッヒ！
じゃま じゃま！
どけどけ！

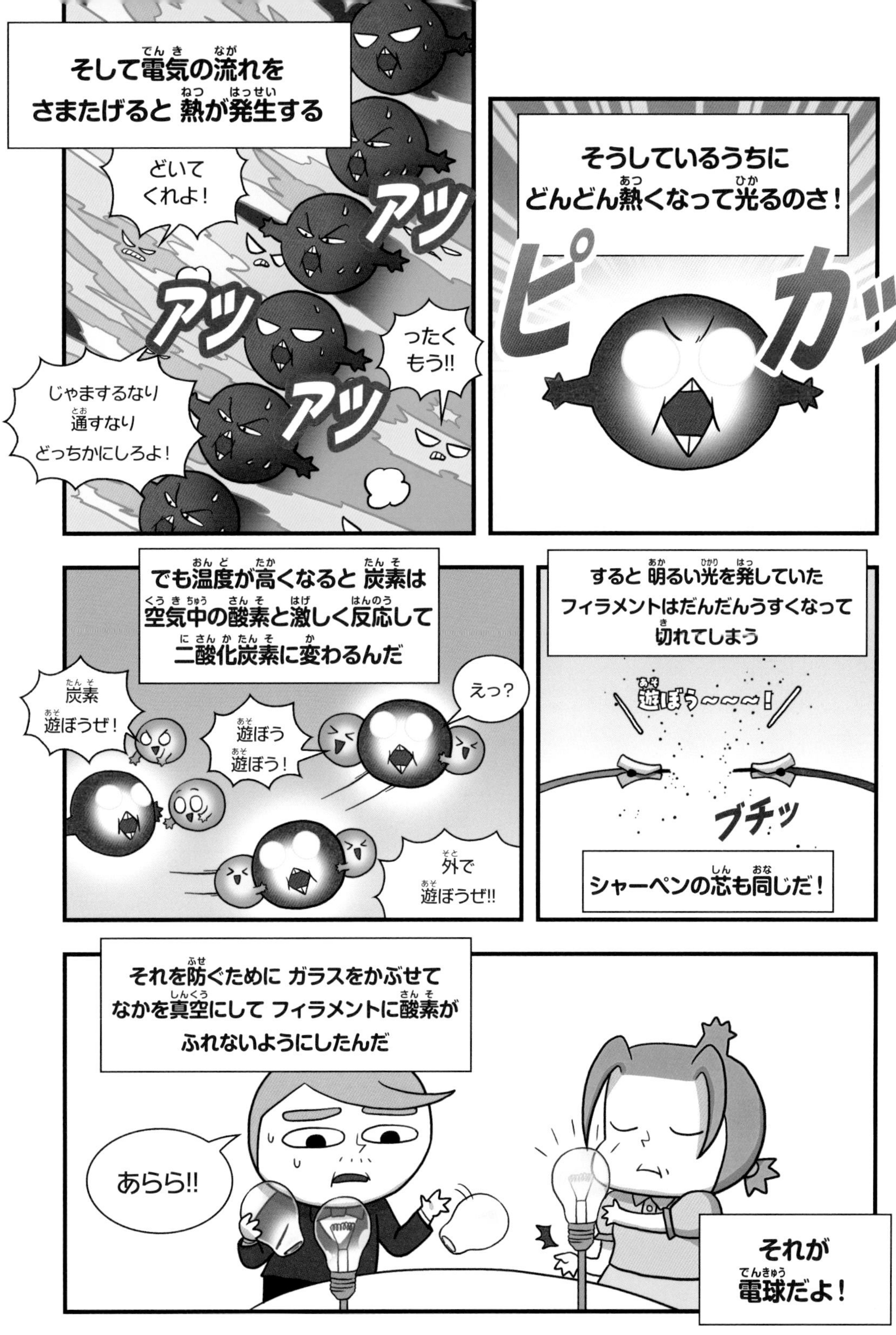
そして電気の流れをさまたげると 熱が発生する
どいてくれよ！
アツ
アツ
アツ
ったくもう!!
じゃまするなり通すなりどっちかにしろよ！
そうしているうちにどんどん熱くなって光るのさ！
ピカッ
でも温度が高くなると 炭素は空気中の酸素と激しく反応して二酸化炭素に変わるんだ
炭素遊ぼうぜ！
遊ぼう遊ぼう！
えっ？
外で遊ぼうぜ!!
すると 明るい光を発していたフィラメントはだんだんうすくなって切れてしまう
遊ぼう〜〜〜！
ブチッ
シャーペンの芯も同じだ！
それを防ぐために ガラスをかぶせてなかを真空にして フィラメントに酸素がふれないようにしたんだ
あらら!!
それが電球だよ！

へえ そうなんだ！
けど…
ありゃ！
また切れたか！
プチッ
もっと明るくする
方法はないの？
あるさ！
こうしてこすって
芯をできるだけ
細くすれば
ゴシ
ゴシ
ゴシ
ごくぼそ
極細
同じ量の電気でも ふつうより
ずっとせまい道を
通ることになるから
さらに明るく
光るようになる！
ピカッ

パッ
おっ？ なんだ？
ピカッ
電気がついたのか？
わあ よかった これでトイレに行けるぞぉ
タッタッ
ブチッ
えっ？
わぁん また真っ暗！ ここはどこ？
あぁあ もう 切れちゃった！

当たり前だよ！極細なうえに光も強いからすぐに切れるのはしょうがないの！
ふうん！もうシャーペンの芯で遊ぶのもあきちゃった！
そうか？
じゃあ外で遊ぶか！
うえん！なんにも見えないよう！
これでつくはずですよ！
よかったわ～!!
スイッチを入れたら！
パッ
まあ!!

つかめ！理科の常識

電気が流れるシャープペンシルの芯

えんぴつやシャープペンシルには芯があるよね。その芯に電池をつなげたら、なんと芯は光るんだ。

芯は黒鉛でつくられていて、黒鉛は電気を通す導体なんだ。だから電圧の高いバッテリーにつなぐと、芯に電気が流れて熱を帯びて明るく光るってわけさ。

温度が上がると、黒鉛の成分である炭素が空気中の酸素と反応して二酸化炭素に変わるため、芯は時間の経過とともに細くなる。その代わり、芯が細ければ細いほど、同じ量の電気がより細い通路を通ることになるから、さらに明るく光るんだよ。そして限界になると、芯は切れてしまうのさ。

5 ひどいよ、ポテトチップス！

おかしの袋に窒素がたくさん入っているわけは？

グゥちゃん！
頼まれてたおかし買ってきたわよ〜！
グゥちゃ〜ん!!
ジュルジュルポテトチップス
えっ おかし!!?
くるっ
はぁい！
いま行きまぁす!!
待った待った！出るのは周りを確かめてからだぞ!!
大事なアジトが見つかるところだったじゃないか!!
見つからないよう扉や家具の配置も変えたっていうのに

じゃあ ボクも味見しに行くとするか！
バタン
フン…お兄ちゃんのいない間にこっそりパソコンを使わせてもらおうと思ったら…部屋にいたわけ？
けど あのふたりどこから出てきたのよ
ベッドの下？ここじゃないし…？
つくえの下でもなさそうだし…！
天井でもない…いったいどこにいたの？

ジュルジュル
ポテトチップス
いくわよ！
グゥちゃん!!
ガシッ
ジュルジュル
ポテトチップス
ひょいっ
ワオ！ナイス
キャッチ!!
ストン
日を追うごとにキレッキレね
わたしみたいに!!
イヒヒ！新発売の
ジュルジュルポテチ!!
食べたかったんだぁ!!
ジュルジュル
ポテトチップス
エイッ!!!
びりっ
ジュルジュル
ポテトチップス

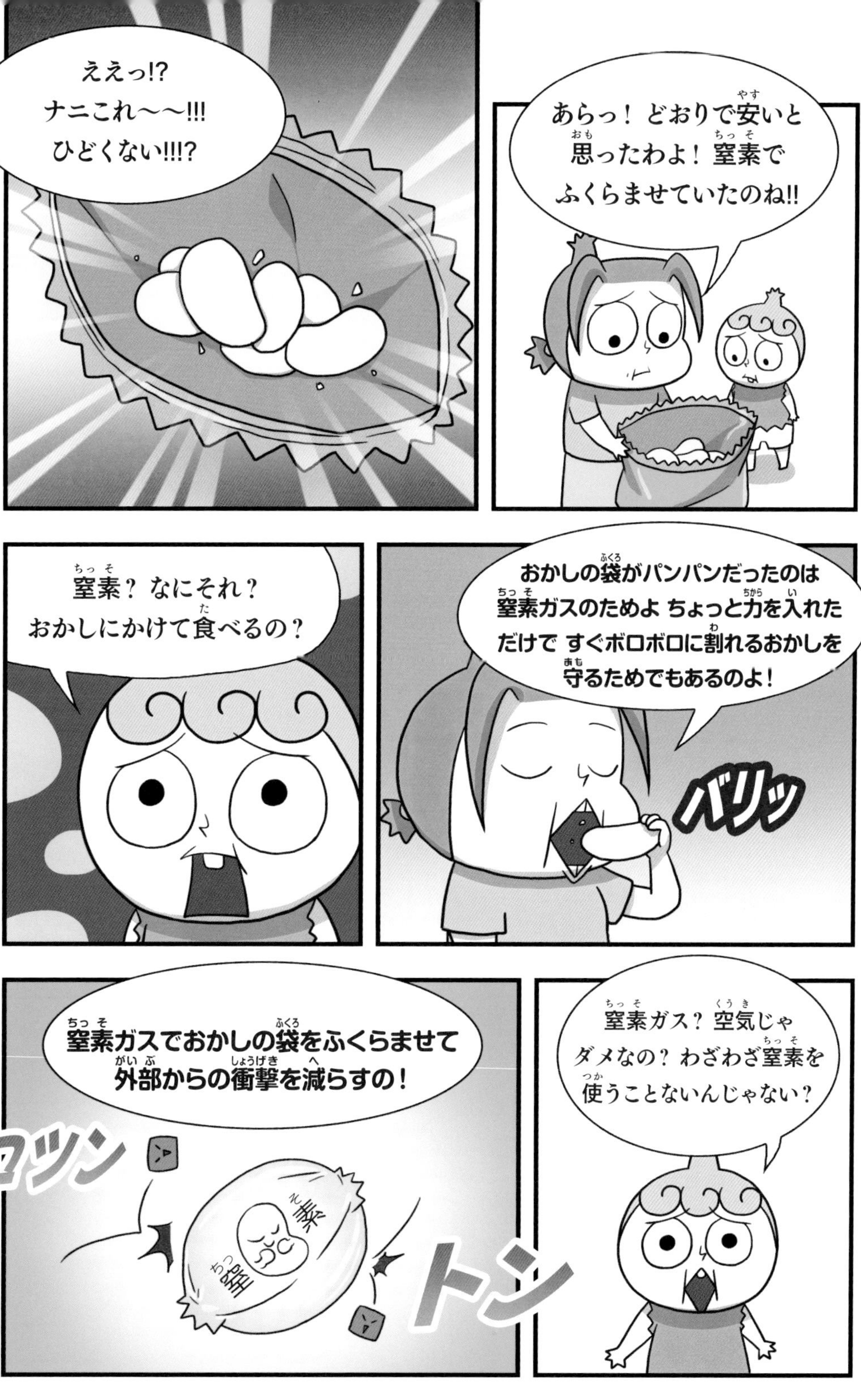
ええっ!? ナニこれ～～!!! ひどくない!!!?
あらっ！ どおりで安いと思ったわよ！ 窒素でふくらませていたのね!!
窒素？ なにそれ？ おかしにかけて食べるの？
おかしの袋がパンパンだったのは窒素ガスのためよ ちょっと力を入れただけで すぐボロボロに割れるおかしを守るためでもあるのよ！
バリッ
窒素ガスでおかしの袋をふくらませて外部からの衝撃を減らすの！
コツン
窒素
トン
窒素ガス？ 空気じゃダメなの？ わざわざ窒素を使うことないんじゃない？

空気はダメよ！
空気中の酸素は生物が生きていくうえで必要だけど
おかしを酸化させるから味が変わっちゃうの!!
うぅ～！ボクを外に置いておかないで～！
だから一番身近にあって ほかの物質と反応しにくい窒素を使うのよ！
けど それよりも重要な理由がある！
なんなの？
じつは このおかしの袋は人命を救う大事な道具なんだ！海に落ちたつり人が窒素たっぷりのおかしの袋を浮き輪代わりにして助かったという…
ぷか ぷか
あんた また オカシなこと言って!!
でへへ ないよりは きっとマシじゃん！
さあ おやつも食べたことだし 実験の続きをするとするか？
ふえん！あれじゃ 食べた気がしないよ!!

バタン
フッフ！こんなところにひみつの通路があったとは！おやつでもかくしているんじゃないでしょうね！
ギギィ

つかめ！理科の常識

スナックがしの品質を守るために使われる窒素ガス

パンパンにふくらんだスナックがしの袋を開けたら、中身は少ししか入っていなくてがっかりしたことはないかな。袋がふくらんでいるのは、なかに窒素ガスが入っているからなんだ。窒素を入れるのは、おかしの形を維持するためだけど、じゃあ、なぜ空気ではなく窒素なのか。

空気中には、窒素をはじめさまざまな気体があって、そのひとつである酸素はおかしの酸化を引き起こして味を変えてしまう。一方、窒素は空気を成す気体のうち割合が最も高いから手に入りやすいし、ほかの物質との反応も起こりにくいからおかしの味が保てるという利点があるんだ。それに、人体に害もないからね。

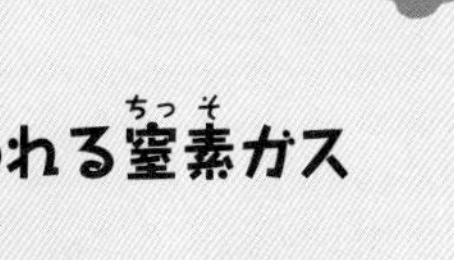

6 ジュリはレモンシロップをどうする？

砂糖を水に溶けやすくするには？

ハッ!! 極限までうすく!!!
ハッハッハッ!!!
トン
トン
トン
トン
キラン
トン
トン
トン
サッ
サッ
サッ
サッ
ジャ
種も全部
とって!!!
ジャーン

あとはガラスのビンに入れて
ザー
レモンと同じ分量のお砂糖を入れたら
砂糖
レモンが多すぎたかな？分けて入れようっと！
うふふ〜ビンはどこかしらん？
……!
砂糖

なんだ…コレ？
ジュリちゃん
なにするつもりだろ？
とにかくお砂糖を溶かさないと！
こんな時は ぼくひとりでも解決できるようにって 兄ちゃんがくれた本で調べてみよう！
お砂糖は細かいほど水に溶けやすいだって？
たしかにこれは大きすぎるもんね…！
ウィーン
ううむ…
細かくくだいたら少しは溶けたけどまだまだだ！

じゃあ今度はかき混ぜてみよう！
ざっ
ざっ
混ぜるスピードが速ければ速いほど溶けるのも早いって書いてあった！
それでもまだだいぶ残ってる！
最後の手段は温度を上げること！
つかめ！理科ダマン
スーーッ
わあ!! 熱いとやっぱり
よく溶ける〜!!
グツ
グツ

わ〜い!!
お砂糖が
全部溶けたぁ!!
兄ちゃんに聞かなくても
ぼくひとりでできちゃったぁ!!
ん?
カラン
コロン
ちょっと…
あんた…
なにしてるのよ?
ああ ジュリちゃんのために
お砂糖を全部溶かして
おいたよ!! えらいでしょう!?

もう!! レモンシロップつくるところだったのに 台無しじゃない どうしてくれるのよ!!!
レモンシロップってなに?
それを先に聞きなさいよ!!
ぎゅ
うう
ひぃ!! ごめ〜ん!!
レモンを同じ分量の砂糖に漬けて 3〜4日ねかせたら 砂糖がレモンの果汁でゆっくりと溶けだして 熟成されてシロップになるの くさりにくいから長期間保存できるのよ!
お水で割って飲んだらサイコーなの!!
そうだったんだ! あわてて溶かすことなかったんだね… ゴメン!!
うん…でも よく考えたら
どうせできあがったらお水で割って一気に全部飲むつもりだったから
ま いっか!!

つかめ！ 理科の常識

砂糖を早く水に溶かす3つの方法

急いで砂糖を溶かそうと思っても、なかなか溶けないことってあるよね。そんな時はどうすればいいか？　砂糖を早く水に溶かす方法は3つある。1つ目は砂糖を細かくすること。2つ目は速いスピードでかき混ぜること。3つ目は水の温度を上げること。

ついでだから、溶解についても教えてあげよう。溶解というのは、砂糖が水に溶けるように、ある物質が別の物質に溶けて均一になる現象をいうんだよ。砂糖水の場合、溶ける物質である砂糖を溶質、溶かす物質である水を溶媒とよぶんだ。そして、溶解によってできた砂糖水は溶液という。重要な用語だから、しっかり覚えておいてね！

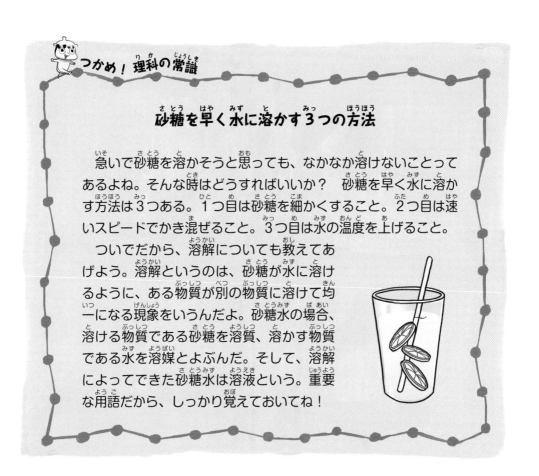

7 実験用だけは食べないで！

砂糖はどうして冷水では溶けにくいの？

今度も量が多すぎたのかな？また失敗だ！
ところでなんだそれ？
ああこれ？お砂糖！この間 お砂糖を水に溶かす実験のせいであやうくひどい目にあうところだったんだ！
砂糖を水に溶かす実験ってそんなに危険か？
ジュリちゃんのお砂糖とレモンに手をつけちゃったの…！
まさか!?そんな危険をおかすとは!!
ジュリの食べ物には手をつけるなって言っただろ!!
気をつけるね！その時に兄ちゃんに聞きたいことができたんだ！
よし！危険を回避した記念に なんでも教えてやろう！
砂糖
お砂糖って お湯にはよく溶けるけど お水じゃ溶けにくいよね どうして？
砂糖

それは 水の温度によって 溶解度が変わるからだよ！
ようかいど…？ なに…それ？
クックック 久々だな！ その顔
まったくわからないって表情!!
それじゃあ 実験で 溶解度とはなにかを 教えてやる！
オレ溶媒！ 根こそぎ溶かしてやる！
ワタシは溶質！ さあ溶かしてごらん！
ワタシは温度！ 溶質が溶ける量は ワタシにかかっているわ
ぼくが溶かそうと している物質 つまり 砂糖が溶質？
そう！ そして 砂糖を溶かす物質の 水が溶媒ってこと！
じゃあ 温度の変化によって 溶質の溶ける量がどれだけ 変わるか実験するぞ！
砂糖

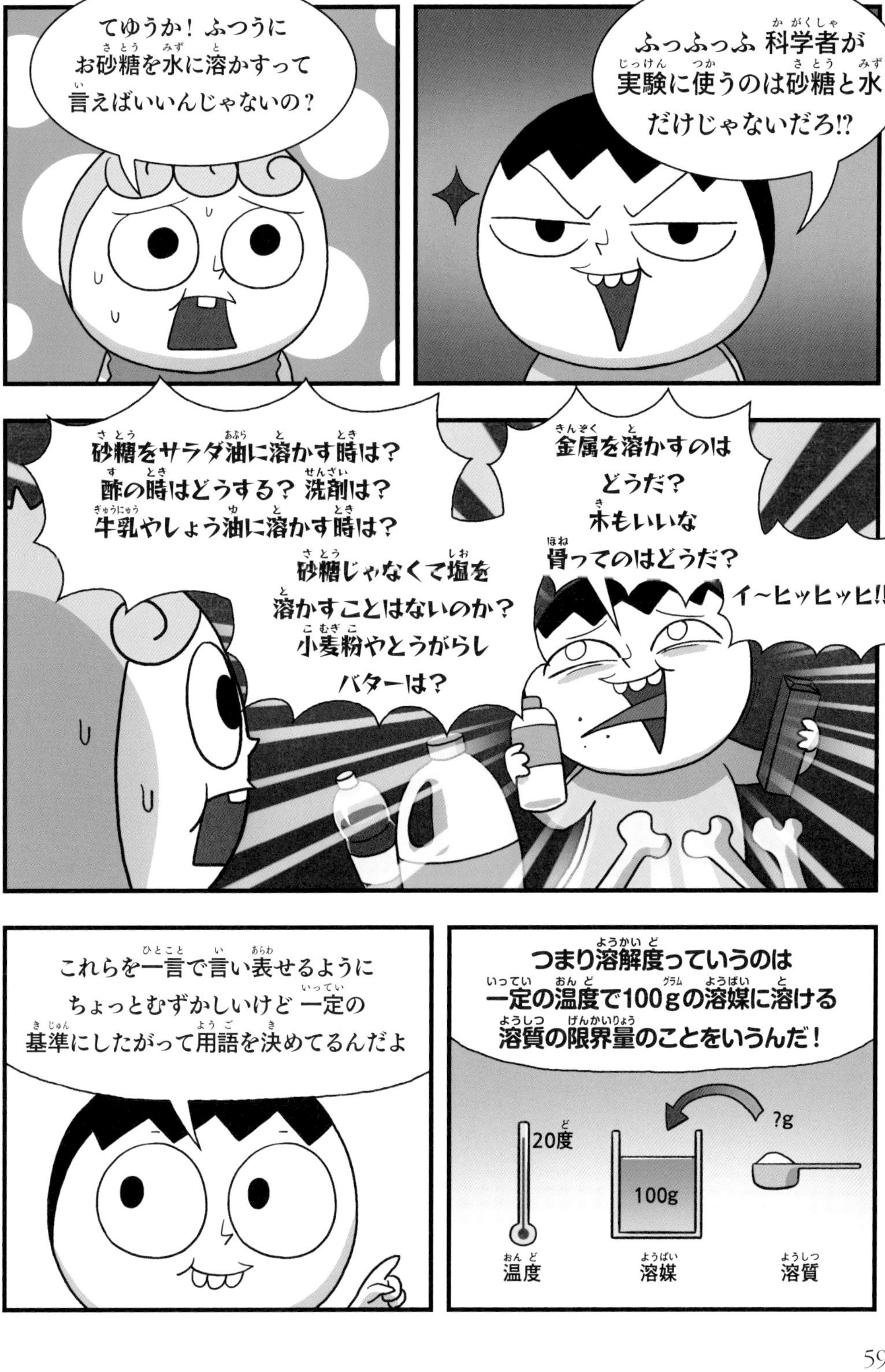
てゆうか！ ふつうに お砂糖を水に溶かすって 言えばいいんじゃないの？
ふっふっふ 科学者が 実験に使うのは砂糖と水 だけじゃないだろ!?
砂糖をサラダ油に溶かす時は？ 酢の時はどうする？ 洗剤は？ 牛乳やしょう油に溶かす時は？
砂糖じゃなくて塩を 溶かすことはないのか？ 小麦粉やとうがらし バターは？
金属を溶かすのは どうだ？ 木もいいな 骨ってのはどうだ？
イ～ヒッヒッヒ!!!!
これらを一言で言い表せるように ちょっとむずかしいけど 一定の 基準にしたがって用語を決めてるんだよ
つまり溶解度っていうのは 一定の温度で100ｇの溶媒に溶ける 溶質の限界量のことをいうんだ！
20度
100g
?g
温度
溶媒
溶質

そ そうなんだ 科学者ってなんか コワい…！
それじゃあ実験を 始めるとするか！
ここに 0度の水100ｇを 入れて
砂糖を 入れると？
サラッ
少し溶けただけで ほとんど溶けない！
そう 下のほうに たまってるよな
けど 温度を 上げたら
わっ！ だんだん 溶けていく！
だろ？ 同じ量の水でも 温度によって砂糖が溶ける 量が変わる つまり溶解度が 変わるってことだよ
だから 実験する時は 温度が重要なんだ！

つかめ! 理科の常識

溶媒の温度によって変わる溶解度

暑い夏に、冷たい氷の入った飲み物に砂糖を入れてあまくしようとしても、なかなか溶けないはずだよ。でも、熱いお湯ならよく溶けるよね。それは、水の温度によって砂糖の溶ける量がちがうからなんだ。水の量を 100 gとした場合、0 度で溶ける砂糖の量は約 179 gまでだけど、20 度では約 204 gまで溶けるんだ。つまり、温度が高くなるほど、砂糖は溶けやすくなるってわけ。

一定の温度で一定量の溶媒に溶ける溶質の限界量を溶解度という。上の例でいうと、100 gの水が 0 度の場合、砂糖の溶解度は約 179 gで、20 度の場合の溶解度は約 204 gだよ。溶解度は溶媒の温度によって変わることを覚えておいてね。

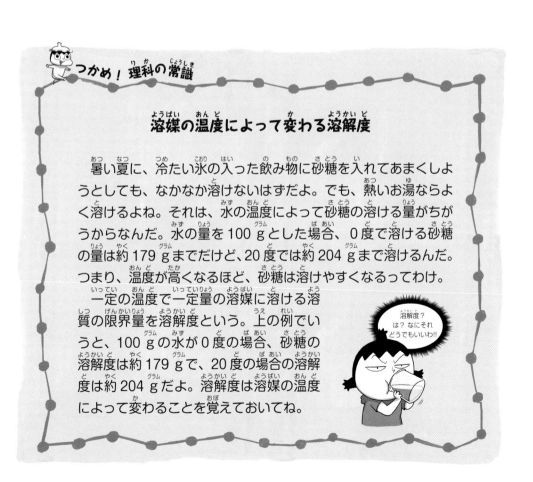

溶解と溶解度

溶解とは、ある物質が別の物質に溶けて均一に混ざる現象のことだって教えたよね。別の物質に溶けている物質を溶質、溶かす物質を溶媒、均一に混ざった物質を溶液という。

溶解
ある物質が別の物質に
溶けて均一に混ざる現象

溶質
別の物質に溶けている物質

溶媒
溶質を溶かす物質

溶液
2種類以上の物質が
均一に混ざった混合物

家庭で砂糖水をつくる場合、早く溶かそうとしてスプーンでかき混ぜたりするよね。ところで、早く溶けたらたくさん溶かせるのかな？　そんなことはないんだ。早く溶かすことと、たくさん溶かすことは関係のないことなんだよ。なぜかって？　20度の水100ｇに溶ける砂糖の量をたとえに考えてみよう。ただ砂糖を入れただけの場合と、スプーンでかき混ぜながら入れた場合、砂糖が溶ける速さはちがうけど、水に溶ける限界量は変わらないんだよ。それは、溶解度が同じだからさ。

死海の塩
死海は、中東のイスラエルとヨルダンの国境にある塩湖。海水の10倍以上も塩分濃度が高く、体がかんたんに浮いてしまう。
飽和状態になると、溶質はそれ以上溶けない。だから死海では、塩が結晶のまま残っているようすがたくさん見られる。

溶解度とは、一定の温度で100ｇの溶媒に溶ける溶質の限界量のことだって言ったよな。20度の水100ｇでの砂糖の溶解度は約204ｇだ。つまり、砂糖を水に入れたままにしても、スプーンでかき混ぜても、溶ける量は約204ｇってこと。それ以上はなにをしようと溶けないんだ。その状態を、飽和状態というんだよ。

ところで、溶解度は溶質によってちがうんだ。砂糖の溶解度と塩の溶解度はちがうってこと。20度の100ｇの水の場合、砂糖の溶解度は約204ｇで、塩は約36ｇ。砂糖に比べると、塩が溶ける量はごく少量だよね。

それから溶解度は、同じ溶質でも溶媒の温度によって変わる。100ｇの水の場合、0度では砂糖の溶解度は約179ｇだけど、20度では約204ｇに増える。塩の場合、100ｇの水だと、0度での溶解度は約35.7ｇで、20度では約35.9ｇだよ。

8 ワカメスープが食べたい！

ステンレス製のおたまが熱くなるわけは？

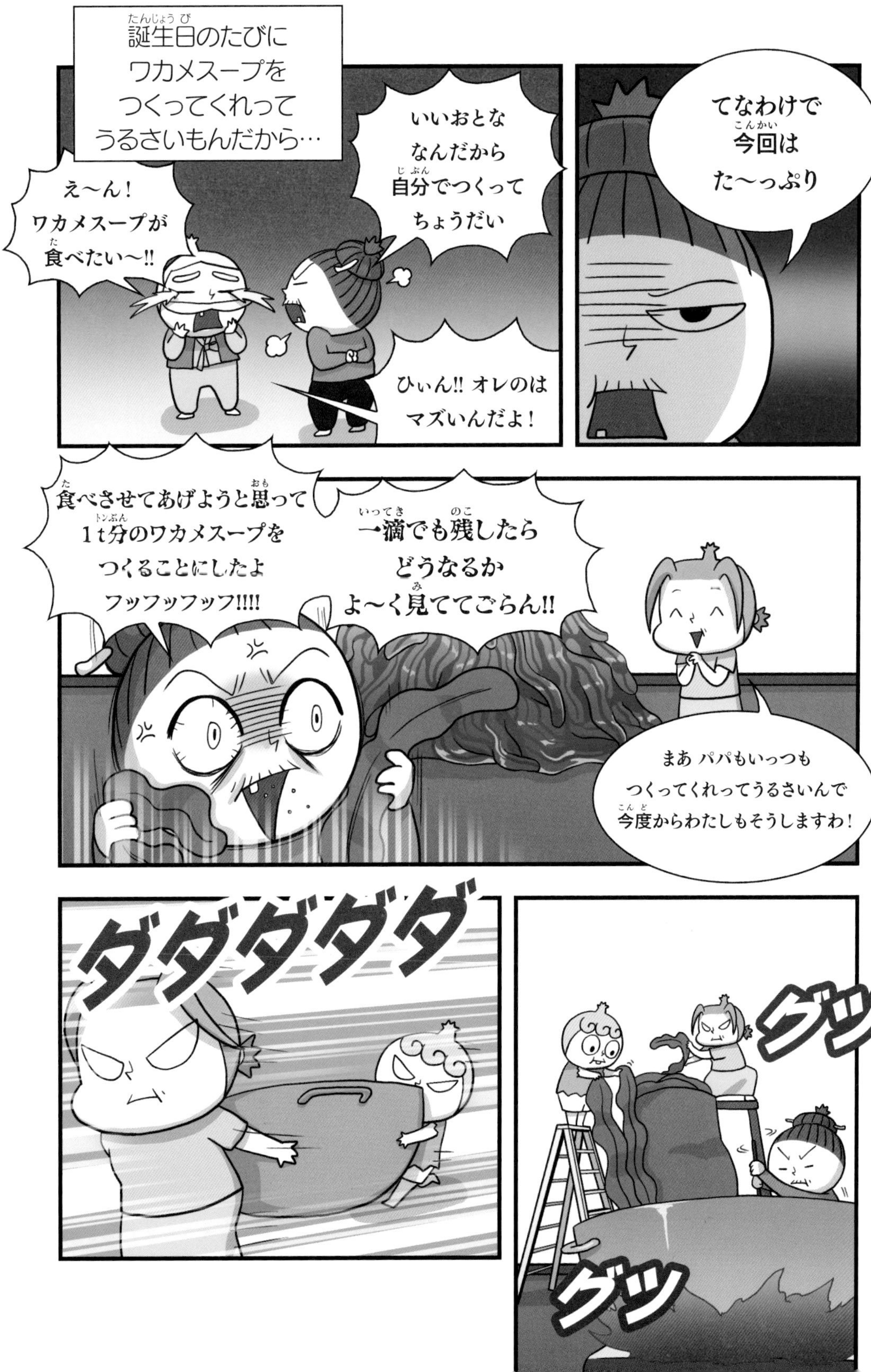

誕生日のたびに
ワカメスープを
つくってくれって
うるさいもんだから…
え～ん！
ワカメスープが
食べたい～!!
いいおとな
なんだから
自分でつくって
ちょうだい
ひぃん!! オレのは
マズいんだよ！
てなわけで
今回は
た～っぷり
食べさせてあげようと思って
1t分のワカメスープを
つくることにしたよ
フッフッフッフ!!!!
一滴でも残したら
どうなるか
よ～く見ててごらん!!
まあ パパもいっつも
つくってくれってうるさいんで
今度からわたしもそうしますわ！
ダダダダダ
グッ
グッ

ほかほか
想像以上の量ですね!!
フッフッフ！全部食べてもらおうじゃないか!!
ううむ…ちょっとうすいわね！塩をもう少し入れるとするかね!!
えっ ジュルジュルスーパーに置いてあったお塩は全部使っちゃいましたよ？
仕方がないわねとなり町のチュルチュルスーパーの塩を買い占めるとするかね！
そうしますか！
もう少し煮つまるように火はそのままにして…！
グツグツ

グツ グツ
ぐつ ぐつ
グラ グラ グラ グラ
ただいまぁ！
おや？ クンクン!!
うっ これは…！ 世界一ウマい 母ちゃんのワカメスープの香りでは!!!
クンクン
ヒャッホー!! オレのために こんなにたくさん…！
それなら 一杯 いただくとする…！
スッ

あっちっちっち
なんだこりゃ!?
ううぉぉ!!!
ふえん 熱伝導で
おたまが熱く
なってたのか!
ふ～ふ～
それでも
ウマっ!!
うわっ なによこの量は!!!
あたしでもひるむ
量じゃない!!!
そうは言っても
あたしならペロッと
いけそう♡
うわあああああ!!!
でもおいしい～っ!!
スッ
ワオ!!
ワ～～～
オ～～～!!!
But
デリシャス!!!
ハァ～ これで
なんとか味をととのえ
られそうだわね…

つかめ！理科の常識

熱伝導のために熱くなるステンレス製のおたま

熱いスープに入っていたステンレス製のおたまやスプーンをつかんだ時、熱くておどろいたことはないかな？　やけどをすることもあるから気をつけるんだぞ。熱いスープに入れておいたおたまやスプーンが熱くなるのは、熱伝導のためなんだ。

固体は伝導によって熱が移動する。熱が高温部分から低温部分へ次々と伝わる現象を熱伝導というんだ。つまり、熱いスープの熱がスプーンやおたまに伝わって熱くなるんだよ。伝導はとくに金属で起こりやすい。

また、気体や液体の場合は、熱くなった気体や液体そのものが流れていくんだけど、それを対流というんだよ。

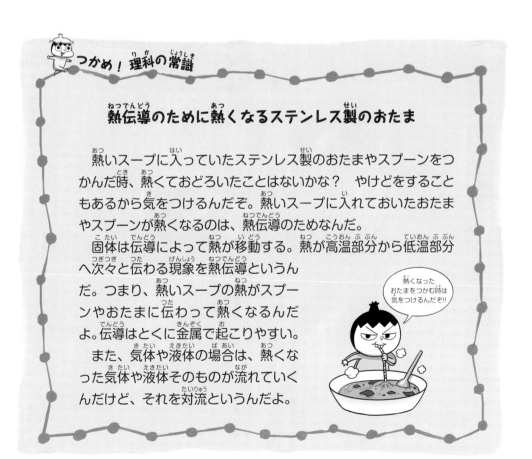

9 これでぼくもサンダーマンだ！

静電気ってどうして起こるの？

おお!!
力がわいてきたぞ!!
傷もすっかり治ったようだ!!
キラ
キラ
ようし サンダー・サンダー・サンダーマ〜〜〜ン!!
電気よ 集まれ!!!
パ
ッ
パチッ
パチッ
パチッ

バチーーッ
電気をくらえ!!!
バチ
バチ
フッフ！何回言えば
わかるんだ!!!
オレは電気を
通さない絶縁体!!
電気攻撃じゃ絶対に…
ふり
ふり
ショートを起こして
火がついたら
どうだろうな!!?
だろうな！だが身の周りに
ぎっしりの電子機器が…
あっ！
オレのスマホが!!
ボッ

街灯!
自動車!!
ボウ
ボウ
スピーカー!!!
ロボットまで!!?
ボウ
ボウ
ま…待ってくれ!
オレは…熱には…
弱い…
んだ…!
ふぅ!
これで今日も
世界を救えたゾ!!
世界を救っただと!?
ウゲッ!!!

よくもこの町を火の海にしてくれたわね!!
うぅ!!
せっかく集めてやった電気をショートさせるなんて!!
いまだ!!
サンダーマン！町中を火の海に！
ティラリ〜ン♪
エイッ！電気よ 集まれっ!!
パッ
これでもくらえ〜!!
パッ
はぁあ！やっぱりぼくじゃ電気出ない！
ねえ 兄ちゃん サンダーマンって知ってる？

もちろんさ！
サンダー・サンダー・サンダーマ〜ン!!
シャカ
シャカ
電気よ！集まれっ！
ビリッッ
これでもくらえ〜!!
イタッ!!
えっ！まさか兄ちゃんがサンダーマン？どうやって電気を集めたの？
ハハ！これはセーターをこすって起こした静電気だよ！
物をこすると摩さつによって静電気ができるんだ！
バ
バン

えっ？ ということは ぼくもその
セーターを着れば電気攻撃ができるの？
やれやれ 静電気のしくみ
には興味ないってわけか！
フッフッフ！
これでぼくも
サンダーマンだ！
モフ
モフ
サンダー・サンダー・サンダーマ〜ン！
電気よ 集まれっ！
すり
すり
すり
おお！ やっとだ!!
これで便秘から
解放される!!
なんてったって
2週間ぶりの
便意だからな!!
エイッ!!
早く出てくれ!!
キラ〜ン
出…出るぞ!!!

つかめ！ 理科の常識

摩さつで起こる静電気

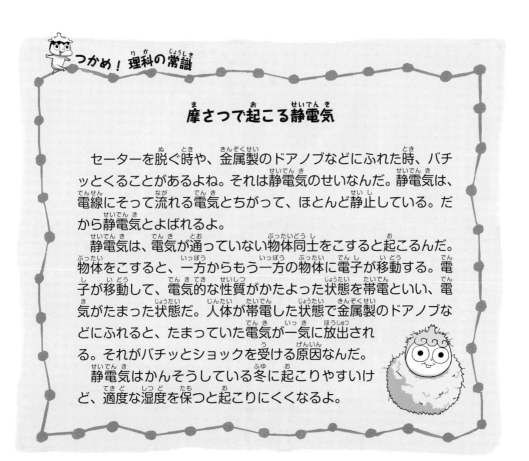

セーターを脱ぐ時や、金属製のドアノブなどにふれた時、バチッとくることがあるよね。それは静電気のせいなんだ。静電気は、電線にそって流れる電気とちがって、ほとんど静止している。だから静電気とよばれるよ。

静電気は、電気が通っていない物体同士をこすると起こるんだ。物体をこすると、一方からもう一方の物体に電子が移動する。電子が移動して、電気的な性質がかたよった状態を帯電といい、電気がたまった状態だ。人体が帯電した状態で金属製のドアノブなどにふれると、たまっていた電気が一気に放出される。それがバチッとショックを受ける原因なんだ。

静電気はかんそうしている冬に起こりやすいけど、適度な湿度を保つと起こりにくくなるよ。

10 ぶどう畑を広げる方法

果実がおいしい理由は？

ギラ
ギラ
ギラ
ウィーン
は〜つかれた！
もうくたくただよ!!
いきなりアシの茎を
探してこいだなんて！
フッフ 使い道が
あるんだよ いいから
早く持ってきてくれ！
この蛇口を一方に
取りつけて…
グッ

ヒュッ
ハッ…!!
ブスッ
チョロチョロ
わっ！ いともかんたんに ぶどうの汁を!!
ヘッヘッヘ!!
センセーのアイディアって 昆虫とは 思えないほどさえてる時があるよね！
これしきのことで おおげさな…！
ゴクッ

お義母さん～！こんにちは～!!
いらっしゃい！よく来たね！
わあ ばあちゃんのぶどう おいしそう!!
お義母さん なんだか畑が広くなったようですけど？
前はそれほど広く感じなかったのに…
ああ 前よりは広くなったさ！
ところでジュリは？
あ ジュリですか？
今日は学校が終わるのがおそいそうで来られないんです
えっ そうなのかい…？

ジュリも来るっていうから待ってたのに…！
ジュ ジュリをですか…？
ジュリの分までボクが食べてあげるよ！
スッ
ハフ 4粒でおなかいっぱ〜い!!
なんてこった！
おばあちゃ〜ん!!!
おや？
おばあちゃ〜ん!! お待たせ〜!!
どうしてもおばあちゃんのぶどう食べたくて来ちゃった〜!!
BUS
まあまあ!! 来てくれたのかい！

いまがちょうど食べごろだから
好きなだけお食べ!!
お義母さん！ 本当に
いいんですか？
ギ
ありがとう おばあちゃん!!
やっぱりおばあちゃん
サイコー!!!
ラッ
みんな!! 気をつけろ!!
去年現れた怪物が今年も
やってきたぞ!!
怪物って？ どんな？
ピュ――
あの怪物がやってきて ぶどうを食べつくして
いったんだよ！ ワタシの仲間の虫たちまで!!

逃げろ～!!!
グオオオオ
ひぇ～～～～!!!
ったく オレたちが
こんな目にあうのもおいしすぎる
ぶどうのせいだ!!
ふむ
それは仕方がないさ！
果実がおいしい理由は 種を
遠くまで運ぶためだからね!!
いろんな動物がおいしく
熟した果実を食べたら
果実のなかにある種子は
消化されずに動物の便と
混ざって排せつされる！
ブリッ

すると 地上に落ちた種から芽が出て根をおろす!
こうして 遠くまで運ばれた植物はそこでも子孫を増やせるってわけさ!
去年もあの怪物がものすごい数のぶどうをたいらげて こっちにウンチをして帰ると…
せまかったぶどう畑がここまで広がったんだ!
ハムハム!おっいし〜!!
こんなにたっぷり食べたの久しぶり!!
うっ…お…おなかが!!
ギュル
ギュル
ギュル

つかめ！ 理科の常識

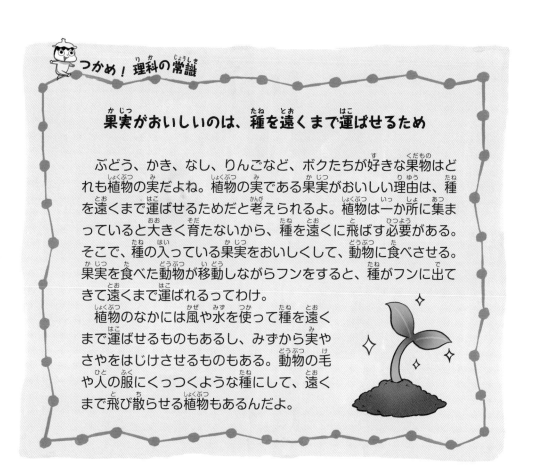

果実がおいしいのは、種を遠くまで運ばせるため

ぶどう、かき、なし、りんごなど、ボクたちが好きな果物はどれも植物の実だよね。植物の実である果実がおいしい理由は、種を遠くまで運ばせるためだと考えられるよ。植物は一か所に集まっていると大きく育たないから、種を遠くに飛ばす必要がある。そこで、種の入っている果実をおいしくして、動物に食べさせる。果実を食べた動物が移動しながらフンをすると、種がフンに出てきて遠くまで運ばれるってわけ。

植物のなかには風や水を使って種を遠くまで運ばせるものもあるし、みずから実やさやをはじけさせるものもある。動物の毛や人の服にくっつくような種にして、遠くまで飛び散らせる植物もあるんだよ。

植物が種を遠くに飛ばす方法

植物の実がおいしい理由は、種を遠くまで飛ばすためだって言ったよね。動物たちに果実をおいしく食べてもらって、あちこちにフンをしてもらい、実のなかの種を遠くまで運ばせるんだよ。ところで、植物はどうして自分の子孫ともいえる種を遠くまで飛ばそうとするのか？　その理由のひとつは、密集していると大きく育たないから。大きな木だと、すぐ下に種が落ちたら日光を浴びにくいし、大きな根にじゃまされて種から芽が出にくくもなるからね。

種を遠くに飛ばす方法はいろいろあるんだ。まずは、最初に言ったように、動物に食べてもらって運ばせる方法。それから風を利用することもある。カエデ（モミジ）の木の種は、つばさがついているような形をしているんだぞ。タンポポの種は、冠毛という綿毛がついているから、風に乗って遠くまで飛んでいきやすい。ラン科の植物や松の木などの種も風を利用している。

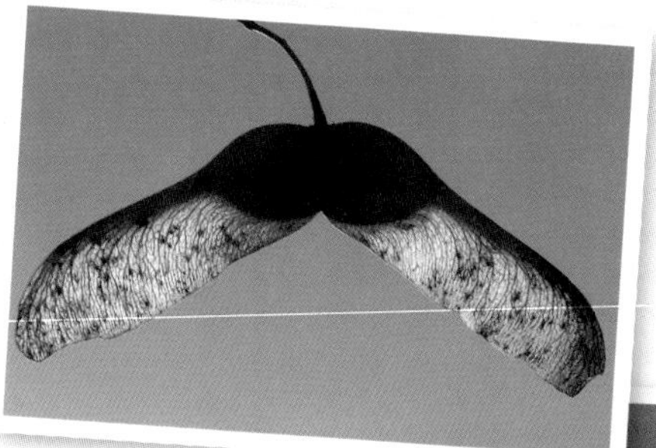

カエデ（モミジ）の種

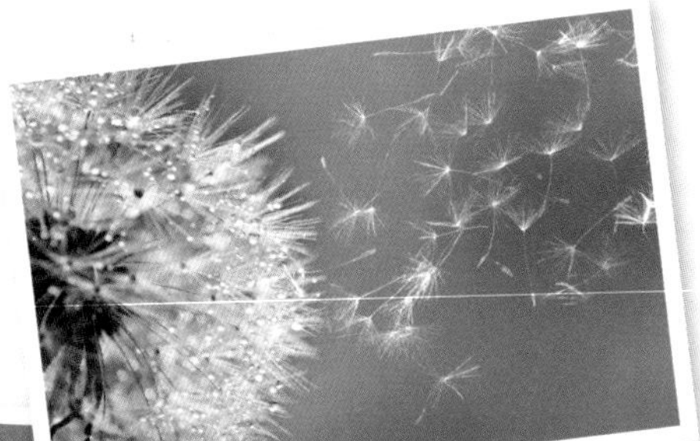

飛んでいくタンポポの種

タンポポの種

ヤシの実

豆のさや

ゴボウの種

ゴボウの種が毛についたヒツジ

それから、水を利用する方法もあるんだ。代表的なのがヤシの実。ヤシの実は、殻が繊維質だから水を吸収しにくく、軽いから水に浮くんだよ。また、実やさやを破裂させて遠くに飛ばす方法もある。アサガオやホウセンカ、豆などはみずから実やさやをはじけさせて飛ばしているんだ。あとは、動物の毛や人の衣服にくっついて種を運ばせる方法。実や種の形がするどかったり、トゲトゲだったりして、毛や服にくっつきやすくなっているんだ。センダングサやゴボウ、オナモミなどがこの方法を使っているよ。

こんなふうに、植物は子孫を方々に飛ばすためにいろいろな方法を使っているんだ。人が子孫を大切にしているように、植物にとっても子孫を残すことは大切で、遠くに運んで立派に育つようにいろんな工夫をしているんだよ。

11 家が恐いよ！

寝ている時にいびきをかくわけは？

ただいま〜！
みんなもう寝てるのか？
今日もおそくなったからな！
そうっと…そうっと…！

スススッ
スル
スル
ススッ
は〜！ いまから寝ても3〜4時間しか寝られないな！
おやすみぃ!!
ガー！
ガガガー!!

びっ
グオォォオォ!!
ゴゴゴォ!!
く
グググー!!
り
プハーガガガー!!
今日も
もれなく…!
ゴゴゴ
ZZZ
ドドド
だね！ パパのいびき
なんだか日に日に
ひどくなってない？
ガーガー
このデシベルだと飛行機の
騒音よりうるさいって
ことだぞ！
ピピッ
一度眠ったら絶対に目覚めない
ジュリがうらやましいぜ！
ぐう
にゃむにゃむ…
ぐう

あ〜！
よく寝(ね)た〜!!
おはよう ジュリ！
パパ おはよう！
どうしたんだ みんな なんかやつれてないか？
……
それは一晩中(ひとばんじゅう)パパの ものすごいいびきを…
シッ！
さっそう
じゃ オレは今日(きょう)も 早出(はやで)だから バ〜イ！

シン パパは家族のために 一生けん命働いているのよ 家にいる時くらい ゆっくり休ませてあげないと
は…母上!!
けど このままじゃ… こっちの身がもたないから 今日中になにかいい方法を 探してちょうだい!!
ははあ…!
ふ〜
今日も つかれたなぁ!
ピッ

ぐぅ…
クルッ
……
すやすや
効果があるようだけど！どんな原理なの？
いびきっていうのは寝てる時にのどの奥の筋肉がゆるんで気道をふさぎ そのせまくなった場所を空気が通過する時に口の天井やのどにぶつかる音なんだ
寝ようっと
だから パパをうつぶせに寝かせたら気道がせまくなるのを防げると思ってさ…
すぅ…
すぅ！

ガー!!
ガガガ!!
なのにどうして
また始まったのよ?
なんてことだ! パパは
最近メタボ気味で 首の周り
にも肉がついたから…
いびきをかきやすく
なっているんだ
じゃあどうするの?
時間がかかっても
別の方法を見つけねば!
ピッ

ガチャン
ガチャン
ウィーン
ウィーン
うん？
ウィーン
ウィーン
なんで走ってるんだ？
オレ
ひいいいいっ!!
おじちゃん なんで
急に走ってるの？
メタボを解消するには
ダイエットをさせないと
ならないだろ！
タタタタッ

水をかけているのはなんで？
乾燥しているといびきが悪化するかもしれないからな！
シュッ
シュッ
ひぃぃぃぃ！
兄ちゃん あれはなんのポーズ？
グル
グル
ただの故障だ！
ぎゃあああああ
よし！ あと2か月だけこの調子でがんばってもらおう！パパの健康のためにね!!
いびきよりは悲鳴のほうがまだマシだわね！
今日はぐっすり眠れそう！
サンダー建設
サンダー建設

つかめ！理科の常識

空気が出す音 いびき

寝ている時に、となりの人のいびきがうるさくて目が覚めちゃうことってあるよね。いびきっていったいなんだろう。かんたんにいうと、空気の通り道がせまくなって出る音なんだ。

眠ると、のどを支えている筋肉がゆるんでのど（咽頭）がせまくなってしまう。息を吸う時にそのせまくなった部分を空気が通過し、のどや鼻が振動して音が出るんだ。その音がいびきだよ。

肥満やつかれによって、よりいびきをかきやすくなるんだって。お父さんがいびきをかいていたら、つかれているのかもしれないね。いびきがひどい場合は、マウスピースを使ったり、手術をしたりして治すこともあるんだよ。

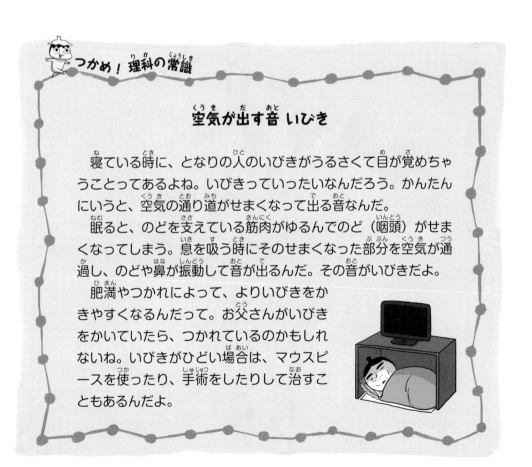

12 圧力なべのひみつ

氷でお湯がわかせるの？

ハッ!!
スパッ
あら 入らないわ！ おなべが小さすぎるのね！
おばちゃん あっちに ジュリちゃん用の 巨大なおなべがあるよ！
うむ…それは そうなんだけど…
やわらかくておいしい煮込み料理を短い時間でつくるには この圧力なべが必要なのよ
圧力…なべ？ それだと どうして おいしくなるの？

ペラ
どうして短い時間でいいの？
お肉をぎゅっと押さえるから圧力なべ？
ペラ
ペラ
ペラ
お肉がぎゅっとつぶされるからやわらかくなるの？
ねぇねぇどうして??
ペラ
ううっ!!
この子ったら いつからこんなに科学的なことに興味を示すようになったのよ!?
ええと…それは…押さえるには押さえるん…
はーい シン兄ちゃんに聞きまぁす！
うん！ それがいいわね！ ホホホホ…！
ひぃ～!! た～すけて～!!
スッ
フッフッフ こいつを徹底的に調べて ミツバチ語をすべて解明してみせるぞ!!

ねえ兄ちゃん！圧力なべを使うとどうして料理が早くできあがるの？
248時間後にしてくれないか？いまちょっと手がはなせないんだけど！
やだっ！どうしてもいま聞きたいの！教えてくれなかったら248時間ずっと質問攻めにしてやる！
はあ…そっちのほうがつかれそうだ！
よしじゃあ実験しながら圧力なべのしくみを探るぞ！
ヤッホ〜〜!!
水が入ったフラスコとアルコールランプだ
問題です！水は何度で沸騰しますか？
シュッ

100度!!
おっ 大正解！
おまえの言うとおり 水の温度が100度になったところで沸騰しはじめただろ！
グラ グラ
フラスコにフタをして少し冷ましてから
ギュッ
お湯が入ったフラスコを逆さにして その上に氷をのせる
パッ
氷がのってるからぬるくなる…？
アルコールランプをどけて100度以下になったお湯に氷をのせたらどうなるでしょう？

グツ
ボコ
ボコ
ブー!! 氷がのってるのに 沸騰してる じゃないか!?
ど どういうこと？ ただの氷じゃなくて 火の氷？
いいや ただの氷だよ！
いま沸騰してるのは 熱によって じゃなく 気圧の変化によるものなんだ！

気圧の変化とお湯がわくのと
どんな関係があるの？
とてつもなく
関係しているのさ！
水は100度でわくよな!?
ただし それは1気圧の
場合の話なんだ！
水の沸点
100度
1気圧

1気圧？
なんなの
1気圧って…
1気圧は海面の高さに
当たる平地での
空気の圧力のことを
いうんだよ

うん？ 空気に押されてる？
ぜんぜん重くないけど？
1気圧
ボクたちは生まれた時から
適応してるから
重く感じないんだよ！

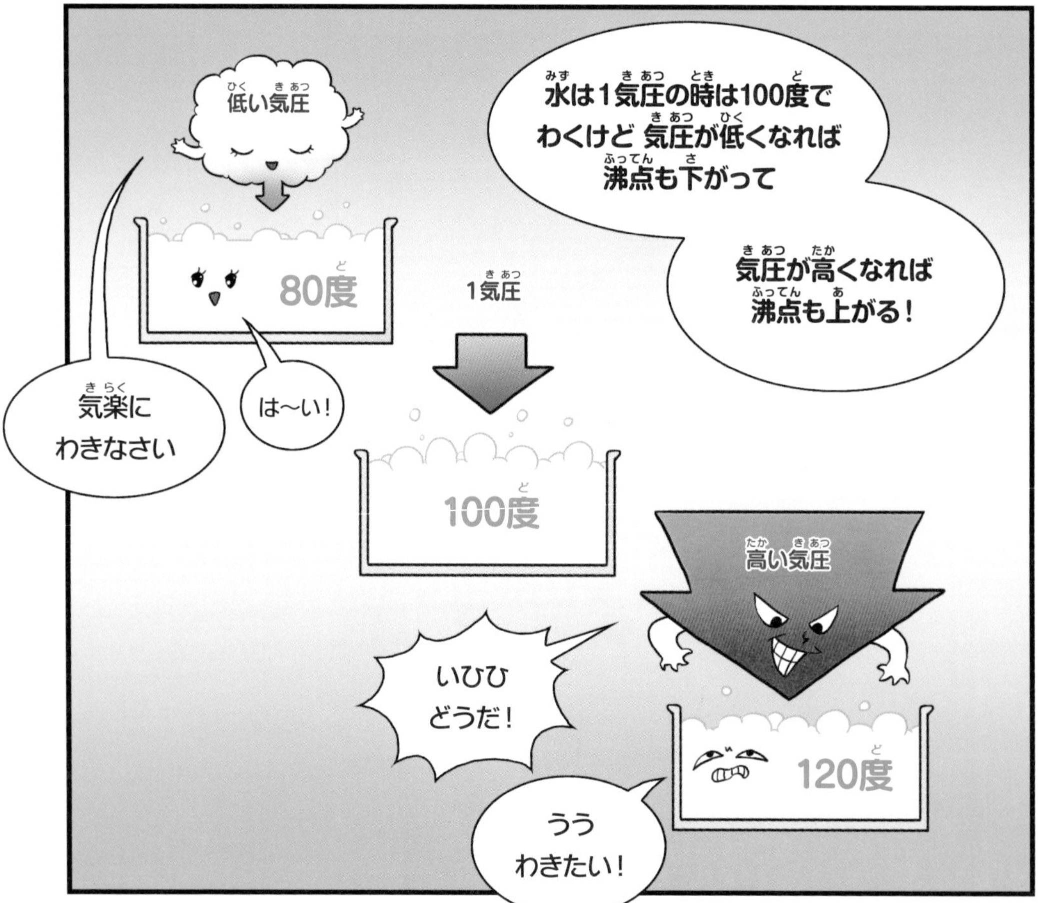
水は1気圧の時は100度で
わくけど 気圧が低くなれば
沸点も下がって
気圧が高くなれば
沸点も上がる！
低い気圧
80度
気楽に
わきなさい
は〜い！
1気圧
100度
高い気圧
いひひ
どうだ！
120度
うう
わきたい！

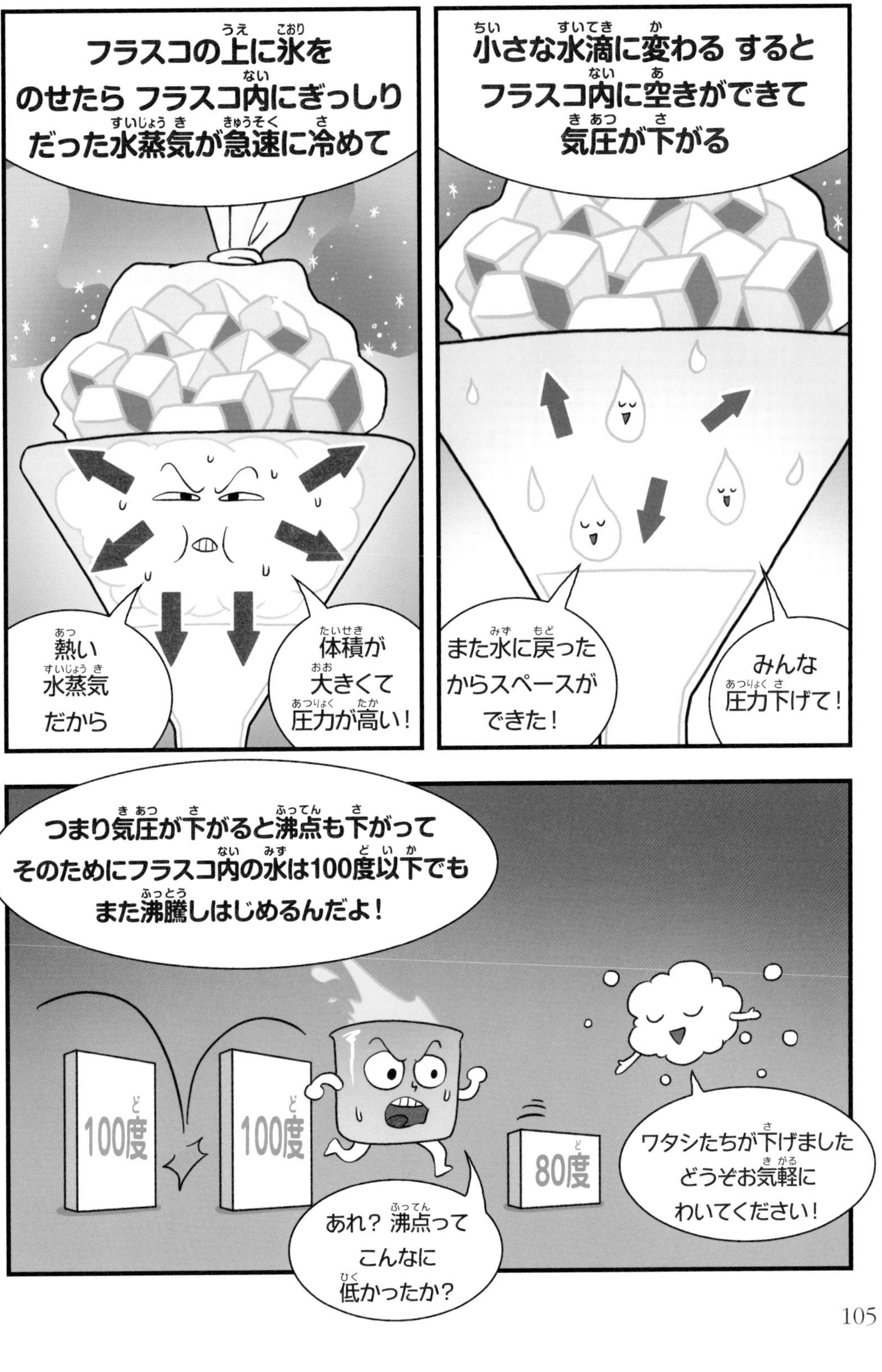
フラスコの上に氷を
のせたら フラスコ内にぎっしり
だった水蒸気が急速に冷めて
熱い
水蒸気
だから
体積が
大きくて
圧力が高い！
小さな水滴に変わる すると
フラスコ内に空きができて
気圧が下がる
また水に戻った
からスペースが
できた！
みんな
圧力下げて！
つまり気圧が下がると沸点も下がって
そのためにフラスコ内の水は100度以下でも
また沸騰しはじめるんだよ！
100度
100度
80度
あれ？ 沸点って
こんなに
低かったか？
ワタシたちが下げました
どうぞお気軽に
わいてください！

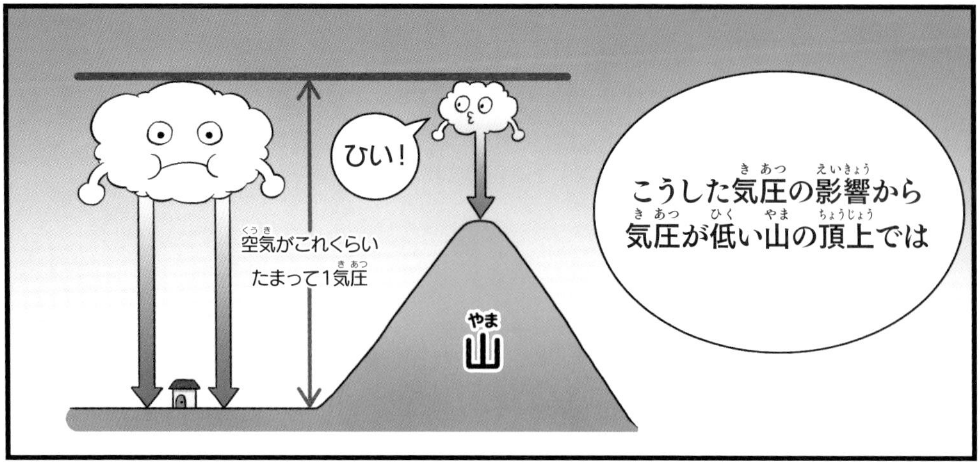
空気がこれくらい
たまって1気圧
ひい!
山
こうした気圧の影響から
気圧が低い山の頂上では

沸点が低いために
いくら水が沸騰しても
食べ物がしっかり
煮えないんだ!
われわれは
このへんで~
熱くもなって
ないのに!

それとは反対に
圧力なべは水蒸気が外に
出られないから圧力が高く
なって沸点も上がるんだ!
だから100度以上の熱い
温度で より短時間で料理を
完成させられるってわけ!
水蒸気!
逃げられると
思うなよ!
100度以上に
なったじゃないか!
出しておくれよ!
アツッ!
熱いってば!!

★火を使う時はおとなといっしょにね★

つかめ！理科の常識

水は100度以下でも沸騰する

火ではなくて、氷でお湯をわかせるなんて言われたら、手品かと思うよね？　まずはフラスコに水を入れて、アルコールランプで沸騰させよう。それから火を消して、フラスコの口にぎゅっと栓をして。そのフラスコを逆さにしてスタンドに立てて、その上に氷をのせてごらん。再び沸騰するのがわかるよ。それは、圧力の変化によって沸点が変わるからなんだ。

水の沸点は１気圧の場合は100度だけど、フラスコの上に氷をのせたら温度が下がってフラスコ内の水蒸気が水に変わり、圧力が低くなる。圧力が下がると沸点も下がるから、100度以下でも沸騰するんだよ。反対に、圧力が高くなれば沸点も上がることを利用しているのが圧力なべだよ。

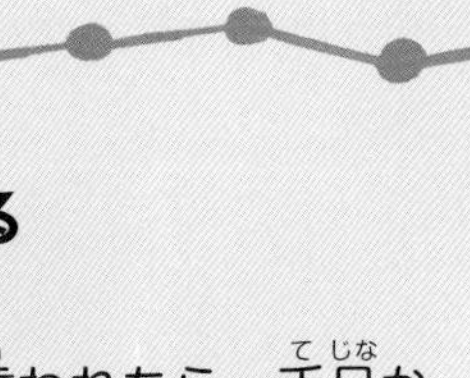

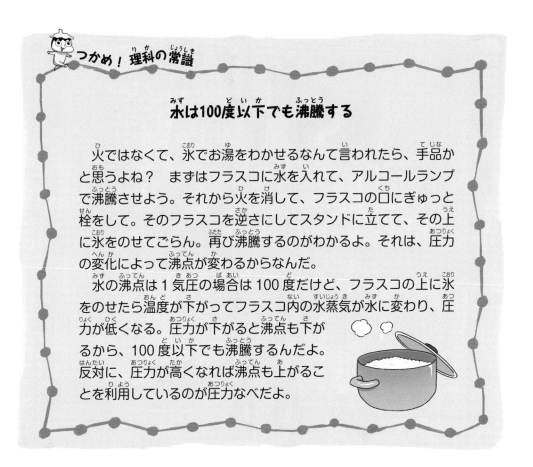

13 ドラキュラの末路

長時間日光を浴びると、どうして肌が黒くなるの？

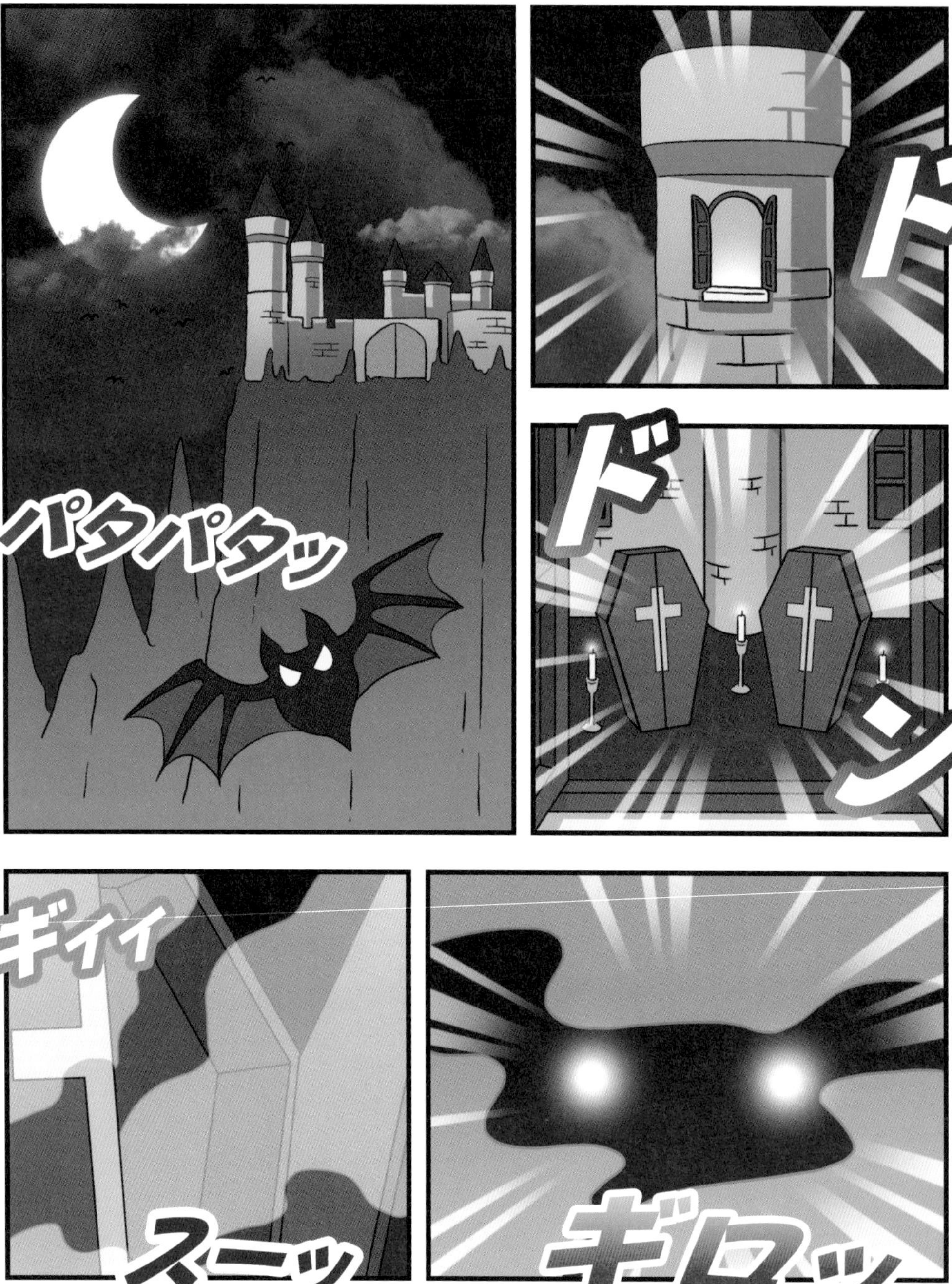

キィ
起きろン 夜だよン！
トントン
トントン
うん？ もう夜？
腹へったン なんか
ウマいものないン？
昨日の夜 24時間営業の
コンビニで仕入れてきた
その下に牛の血の味の
ラーメンが
あるはずだ
オー！ こんなウマい
もんがあったとは！

ゲームが始まったぞ急げ!!
うん ちょっと待っててン!
ズルズル
だれにもめいわくをかけず ひっそりとくらしているドラキュラたち!
842年もの間 平和な夜を過ごしていたが…
そんなふたりをつけねらう者が!
ザクッ
ザッ
ザッ
ザッ
フッフッ こんな山奥に身をかくしていたとは!
このわたしに見つからないとでも?
もうすぐ迎えに行くわよ!

ピュッ
ヨッ!!
夜風は体によくないン！
ゴツン
ヒュー
ガシッ
うあああ!!

ビュー
う～！まずいことになったわね！
よっこら
しょっと!!
ドン
こんなところにいたとはね！いつまでもかくれていられるとでも？
まさか！ここまで追いかけてくるとはな!!

スル
スル
夜はわれらの味方！恐るるに足らずン！
だが いまは夜ふけ！
スル
スルッ
スル
スル
スル
スル
フッフッフ！人間よ ここまでだな!!
スルルッ
そうは させないぞ!!
うっ!!
相変わらず夜だけは身のこなしが軽いわね!?

もうすぐ夜明けだ！
キラ
キラ
もしもワタシがこのカーテンを開けたら！
むむ!!
フフフ 間に合ったようね!!
まずい！ 鉤に気を取られてうっかりしていたン！
ま 待て！ 日ごろからおまえには目をかけていた!!
われわれの味方になったら おまえの望みをなんでも聞いてやるぞ！
えっ 本当？

ワナよ！ あなたはだれに食(た)べさせてもらっているのかしら!?
ハッ!!
いますぐカーテンを開(あ)けるのよ!!
あやうくだまされるところだった！ わかった おばちゃん!!
グイッ
うわあああああ!!!
ピカッ

やめてくれ！白玉のような肌が…
ううう
メラニンのせいで黒く変色してしまう！
ジリ
ジリ
ジリ
もう！まぶしいだろ!!
あんたたち！一晩中ゲームばっかりして!!
たまには陽に当たって運動でもしなさい！
それはできませぬ!!

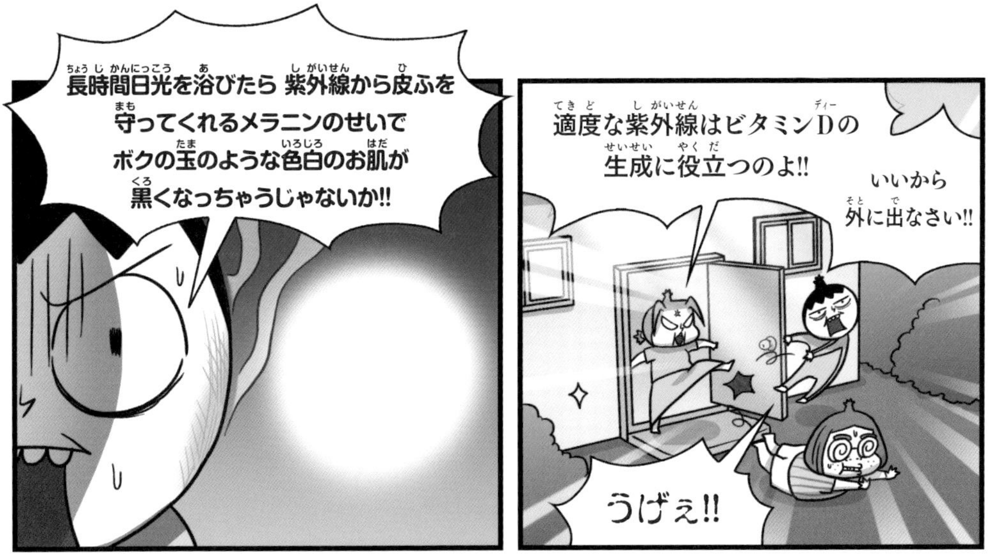

長時間日光を浴びたら 紫外線から皮ふを守ってくれるメラニンのせいでボクの玉のような色白のお肌が黒くなっちゃうじゃないか!!
適度な紫外線はビタミンDの生成に役立つのよ!!
いいから外に出なさい!!
うげぇ!!

つかめ！理科の常識

メラニンのために黒く見える肌

夏に海水浴に行って、真っ黒に日焼けしたことはあるよね。皮がむけることもあるだろ。日光を長い時間浴びると皮ふが黒くなるのは、メラニンという色素のためなんだ。日光にふくまれる紫外線から肌を守るためにメラニンが分泌されるんだけど、そのメラニンが黒いから肌が黒くなるんだよ。

紫外線はビタミンDの生成に役立つけど、長時間浴びると人体にあまりよくないんだ。そこでメラニンが分泌されて肌を守るバリアの役目をしてくれるんだ。メラニンは時間がたつと皮ふの角質といっしょにはがれて、肌も元の色にもどるのさ。

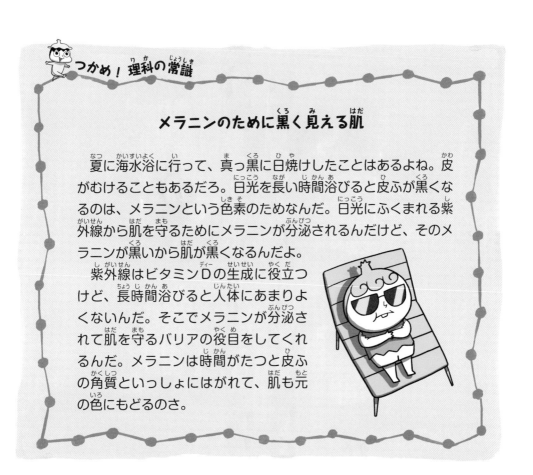

14 大切なお肌のため！

しわってどうしてできるの？

まあ！いったい
どういうこと!?
ネズミでも
いるのかしら？
ドン
小麦粉
量も…
減ってるようだし！
がサ
がサ
小麦粉
でも台所は…
フライパンは
そのままだし
洗った食器の
位置もそのまま！
ピカ
ピカ
てことは だれかが
料理に使ったって
わけでもないし！

まさか…！
そろり
チュウチュウ!!
チュウチュウ!!
チュウ〜ッ！
麦粉
ぶすっ
チュウッ!!
ゴォオオオ
小麦粉
まさか あの子…とうとう
生の小麦粉にまで手をつける
ようになったわけじゃ…

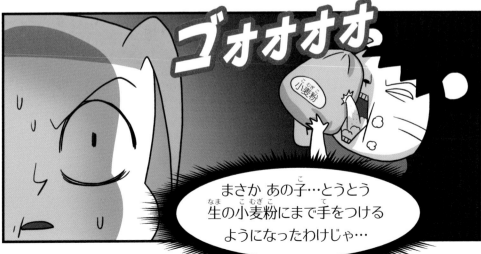

ジュリ！
部屋にいるの？
ジュリ!!
ジュリの部屋
ドン
ドン
ドン
カギをかけているってことは
やっぱり！ またなにか
しでかしているに決まってるわ…
ジュリちゃ～ん！
ママが愛する娘のために
フルーツ持ってきたわよ
ノックしようとしたら
あやまってドアを
ぶち破っちゃったわ！
バキッ
プーーーッ!!!
やっぱり！ ぬすみ食いしてたわね！
いったいどれだけの
小麦粉を食べたの？
ひー！
は？ 小麦粉？
なにそれ…！

ちょっとママ！ さすがのあたしでも小麦粉をそのまま食べようだなんて思わないわよ！
お米なら食べたことあるけど！
そ そうよね いくらなんでも小麦粉はね…！
ちょっと待った！ それは!!
そのお肉 どこで見つけたのよ！ 部屋に調理器具まで用意して!?
ジュー
ジュー
えへへっ！
地面の下からお肉のにおいがすると思って 掘ってみたら豚肉が出てきたのよ！
どうりで！ こんなところにお肉があるから気になって夜も寝つけなかったのね！
そんなバカな！ 地下24mまで掘ってかくしておいたのに！
どれだけ深く掘れっていうの!?

とにかく これは あなたの死活問題よ！
あなた以外にもわが家の食料をねらっている何者かがいるってこと！
な なんですって!?
そんな！ あたしのライバルがいるだなんて！
だとしたら うちは 4日もしないうちに 食料が尽きて…！
グー
グー
グー
あたしがここにかくれて犯人をつかまえてみせるわ！
頼んだわよ！
スッ
小麦粉
小麦粉

グースカ！
グースカ!!
そろーり
ZZZ
小麦粉
小麦粉
クックックッ!!
あ イタッ!!
プスッ

つかまえたわ!! あたしの食料をねらうだなんて！
これまでぬすんだ小麦粉の分だけ成敗してあげるわよ!!
いったいだれなの!?
ググーグッ
ひいいいい!!
はあ!? 犯人は…
お兄ちゃんだったの!?
ひやっ
ううぅ!!
ていうか なんで肌がそんなにツヤツヤでピチピチなの！
ぷるるん
いったいなにをしたのよ？
フッフ！
玉のような肌が焼けて台無しになってしまったから 修復のための研究をしたのさ！ お肌は大事だからな！

焼けて台無しって ママとグゥがお兄ちゃんの部屋にふみこんでカーテン開けた時のこと？
たまには陽に当たりなさい！
ギラッ
ああ あの事件以来ボクの肌の老化が48秒早まってしまった！
そこでボクが開発した248種類の原料をブレンドした美白用美容液と小麦粉で
こね
こね
しわと老化を防止するための小麦粉入り特性フェイスマスクをつくったんだよ！
ジャーン
もうしわの心配なんてしてるわけ？
しわは老化現象とはいえ 特定の部位の筋肉だけを動かし続けたら そこはしわができやすくなるんだよ！

とくに おでこ！
眉間!! 目の周り!!
そのあたりが要注意！
ひえ～！あたしにも小麦粉入りフェイスマスクつくって！
フッフ！
きゃ～！キモチい～！
ジュリ～ 小麦粉どろぼうをつかまえるどころか！
いっしょになって貴重な食料を肌にぬってるとは!?

つかめ！ 理科の常識

年を取るとできるしわ

おじいさんやおばあさんはしわが多いよね。じゃあ、しわってどうしてできるんだろう。しわができるのは老化現象ともいえる。原因はさまざまあるけど、年を取ると皮ふのなかの水分や皮下脂肪が減って弾力がなくなる。それで肌が伸びて、しわができるんだよ。特定の部位の筋肉をひんぱんに使って、皮ふの運動量が多くなると、そこにしわもできやすくなる。おでこや眉間、目元が代表的だよね。

また、日光にふくまれる紫外線を長時間浴びても、しわができやすくなる。しわをつくりたくなかったら、顔をしかめないようにして、長時間日光を浴びることも避けたほうがいいぞ。

肌と肌の色

長時間日光を浴びると肌が黒くなるのは、メラニンという色素のためだって言ったよね。日光にふくまれる紫外線から肌を守るために、メラニンが皮ふに集まってくるんだけど、メラニンは黒いから肌も黒くなるんだよ。

皮ふは体の一番外側にあるから、外部から体を守る役割を担っている。皮ふに覆われていなかったら、ボクたちは細菌や汚染物質、傷などに勝てず、生きていられないはずだよ。

皮ふは大きく分けて、表皮と真皮、皮下脂肪で構成されている。一番外側にあって目に見える部分が表皮で、その下に真皮があって、さらにその下にあるのが皮下脂肪だ。メラニンは表皮の一番下でつくられているよ。

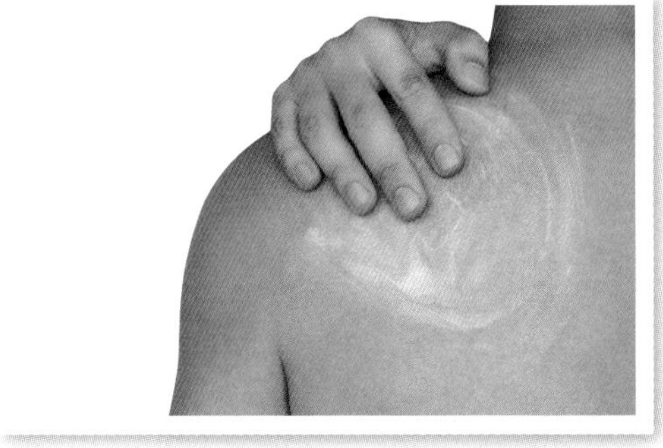

日焼けした肌

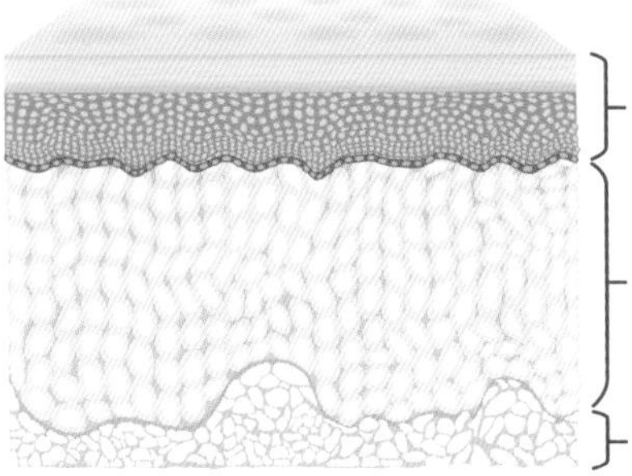

皮ふの構造

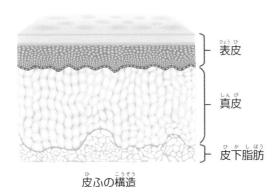

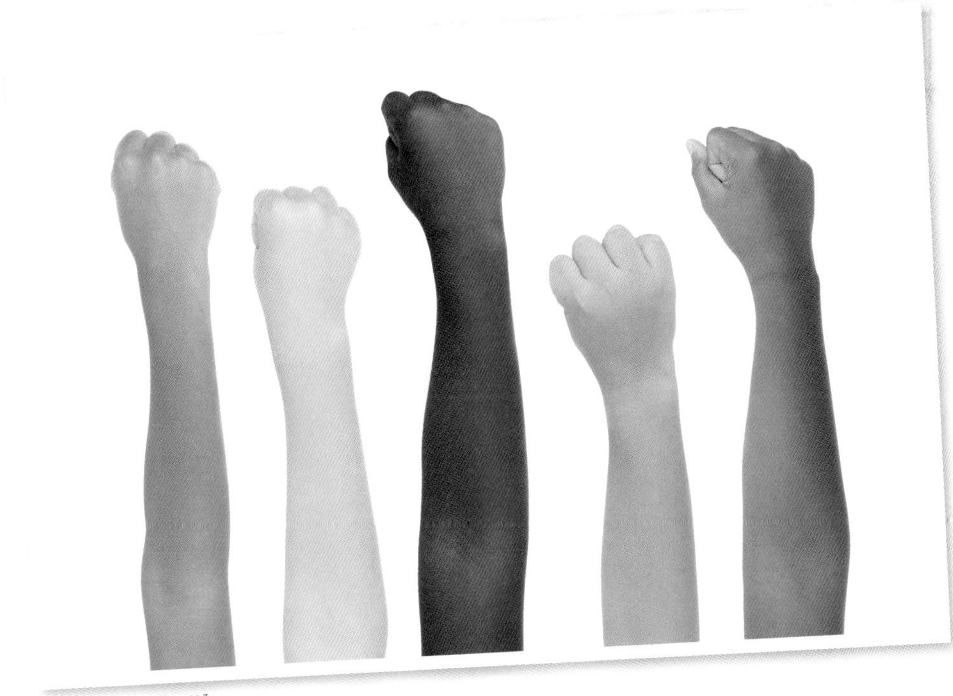

さまざまな肌の色

ところで、メラニンにはどんな役割があるのか？　メラニンというのは、人の肌や髪の毛、瞳の色を決める黒褐色の色素なんだ。紫外線をカットして、体温を維持する役割もある。肌の色のちがいは、このメラニンによるものだ。メラニンの量によって肌の色が変わり、メラニンが多ければ多いほど、黒い皮ふになるというわけ。

たとえば、太陽の日差しが強い地域では、強烈な日光にふくまれる紫外線から肌を守るために、たくさんのメラニンが分泌されるはずだよね？　だから太陽の日差しが強い地域に住んでいる人の皮膚にはメラニンが多く、黒っぽい肌の色になることが多いよ。一方、日差しが強くない地域では、メラニンをたくさんつくる必要がないから、肌の色も白くうすいことが多いんだ。メラニンは、ただ肌の色を変えるだけじゃなく、人の体を守る大切な役割も果たしているんだよ。

15 いますぐ肌着を着なさい！

寒いとどうして体がふるえるの？

寒さを感じると
鳥肌が立つのは
知っているよな？
ひゅ〜
寒くなって
きたぞ！
肌
これは皮ふの下にある立毛筋が縮んで
毛が立ち上がり 毛穴の周囲の皮ふが
持ち上がることで起こるんだ
毛を立ち
上がらせろ！
ハッ
ハッ
人の肌には毛が少ないけどね！
この時皮ふは
毛をむしった鳥の肌の
ような状態になる
つまり鳥肌だな！
でも鳥肌が起こる理由は
まだよくわかっていない
ことが多いんだ
鶏肉の
皮みたい！
寒くて大変なのに
チキンまで食べたく
なったじゃない!!
ぼくも！ 鳥肌の
せいだ！
夢を見るのよ！ 暖かい
部屋で熱々のチキンを
食べる夢！
グ〜グ〜!!

むしゃむしゃむしゃ!!
……！
体温を維持するためには
体の内部から熱を生みだす
必要がある！
だから体は筋肉をふるわせて
熱をつくりだすんだよ！
ふるえろ！
ブルブル
ぷるぷる!!

ぶる
だから寒くなると体がブルブル
ふるえるんだよ！ ガクガクガク
ぶる
うわっ!!
ぶる
ぶる
びっくりしたっ!!
もう！ いいところ
だったのに！ 食べずに
目覚めちゃったじゃない！
寒くておなかすいて
悲しいよぉ！
うぅ 体をふるわせる
気力すら失われて
しまった！
バタン
こうして…こごえ
死ぬのかしら？
そうは
させない！
あっ グゥちゃん！
そっちはダメ!!
立ち入り禁止

エイッ!!
ヤッ!!
ぶちっ
入り禁
グ グゥちゃん！
それに手をつけたら最後だぞ!!
まずは生き残らないと!!!
ぐっ
ON
サンダー・ヒーター
最強暖房
ウィーン
ほわん

これで助かった〜〜!!!
ふぁ〜〜!!
ぽか
ぽか
ぽか
ぐっ
時よ…このまま永遠に止まっておくれ!
ひゃっ
サンダー・ヒーター
OFF
プシューッ

あんたたち これは
どういうこと!?
ゴォオオオ
窓を開けっぱなしにして
真冬に半そでで半ズボンで
ヒーターを「最強」にするとは!?
冬でも換気はちゃんとしないと
閉めっぱなしだとよくないじゃない!
家でぶ厚い服を着てると
動きにくいんだもん!
そう そう!

つかめ！理科の常識

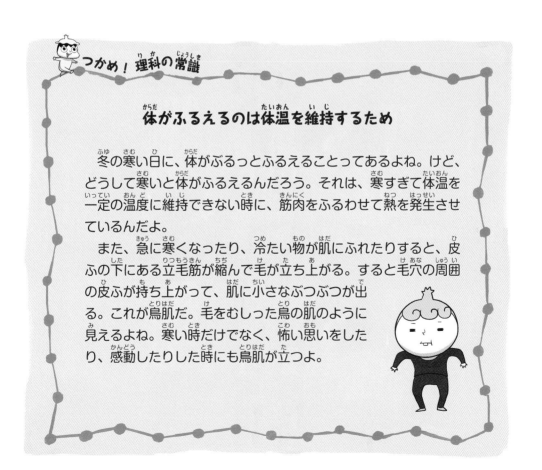

体がふるえるのは体温を維持するため

冬の寒い日に、体がぶるっとふるえることってあるよね。けど、どうして寒いと体がふるえるんだろう。それは、寒すぎて体温を一定の温度に維持できない時に、筋肉をふるわせて熱を発生させているんだよ。

また、急に寒くなったり、冷たい物が肌にふれたりすると、皮ふの下にある立毛筋が縮んで毛が立ち上がる。すると毛穴の周囲の皮ふが持ち上がって、肌に小さなぶつぶつが出る。これが鳥肌だ。毛をむしった鳥の肌のように見えるよね。寒い時だけでなく、怖い思いをしたり、感動したりした時にも鳥肌が立つよ。

16 おいしすぎるチョコレートドリンク

水の入ったガラスビンは、こおらせると割れる？

……！
うわっ！すごいね 手からそんな音が出せるなんて！
うぅ マジで骨折した！いいとこ見せようとして…！
プルプル
超精密アームを使うしかないか！
はじめっからそうすればよかったのに
ウィーン
ウィーン
ウィーン
ごくっ

ここが肝心！
チョロ
一滴もこぼさないように！
えっ そんなに危険なの？
シッ！集中してる時は話しかけないでくれ！
ピピッ
24.8 G
よしっ！ 完成だ!!
うん？ なにができたの？
危険なもの？
爆発する？
フッフッフ これはだな…

ボクが考案した
黄金比のチョコレート
ドリンクなのだ!!
ジャジャーン
は？ チョコドリンクのためにあんなに大騒ぎしてたの？
フフフ
飲んでみればおまえにもわかるさ！
ただのチョコレートでしょ…
ごっくん

こ これは本物のチョコレート味!!
この短い生涯でただの一度も味わったことのない！
兄ちゃん もっともっと！
あれで全部だよ！
長い時間をかけてチョコを濃縮してから水と混ぜるから
最短でもひと月はかかるんだよ
はぁあ！ おいしすぎるけど一気に飲んだらもったいないね…！
そうだ！ 冷凍庫でこおらせて少しずつ食べようっと！
ガリ
ガリ
そうしたらひと月はもつんじゃない!?
え〜ん！ 冷凍庫に入らないや！
もっと小さいビンないかな？

いいのがあった!!
ビタミン ドリンク
チョロ チョロ
よし ぴったりだ! よかった!
ゆらっ
ビタミン ドリンク
一滴もこぼれないように フタをぎゅっと閉めて
ぎゅっ
冷凍庫に入れて おいてっと!!
うふふ! 明日の朝 食～べよっと ああ幸せ～!!

翌朝
あれっっっっっ!!!
あたしの推しメンの
限定版ドリンクのビンがなくなってる
ここに置いておいたのに!!
ジュ ジュリちゃんの
だったの!?
早く言ってよ そしたら使わなかったのに
でも心配しなくてだいじょうぶ！
冷凍庫に
ちゃんと…
ちょっと〜〜〜〜!!!
なんでガラスビンを
冷凍庫に入れたのよ!?
飲み物入れてこおらせたら
割れるに決まってるでしょ!!!
ええっ!! なんで…
そんなの
知らないもん！

つかめ！理科の常識

水はこおったら体積が増える

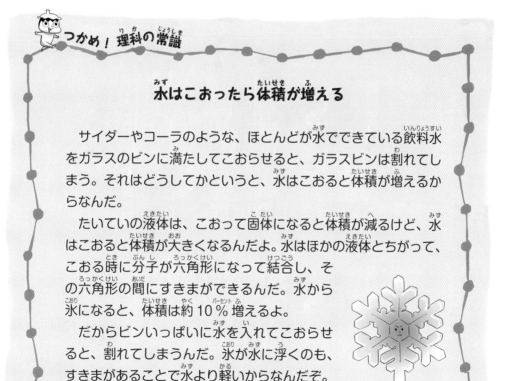

サイダーやコーラのような、ほとんどが水でできている飲料水をガラスのビンに満たしてこおらせると、ガラスビンは割れてしまう。それはどうしてかというと、水はこおると体積が増えるからなんだ。

たいていの液体は、こおって固体になると体積が減るけど、水はこおると体積が大きくなるんだよ。水はほかの液体とちがって、こおる時に分子が六角形になって結合し、その六角形の間にすきまができるんだ。水から氷になると、体積は約10％増えるよ。

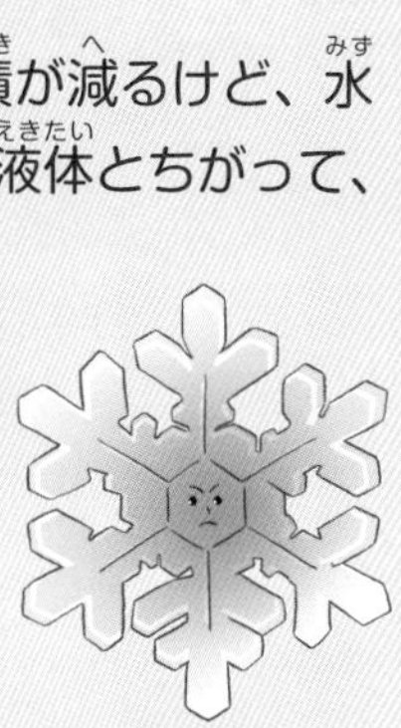

だからビンいっぱいに水を入れてこおらせると、割れてしまうんだ。氷が水に浮くのも、すきまがあることで水より軽いからなんだぞ。

17 かわいそうなジュリ

あくびはどうして出るの？

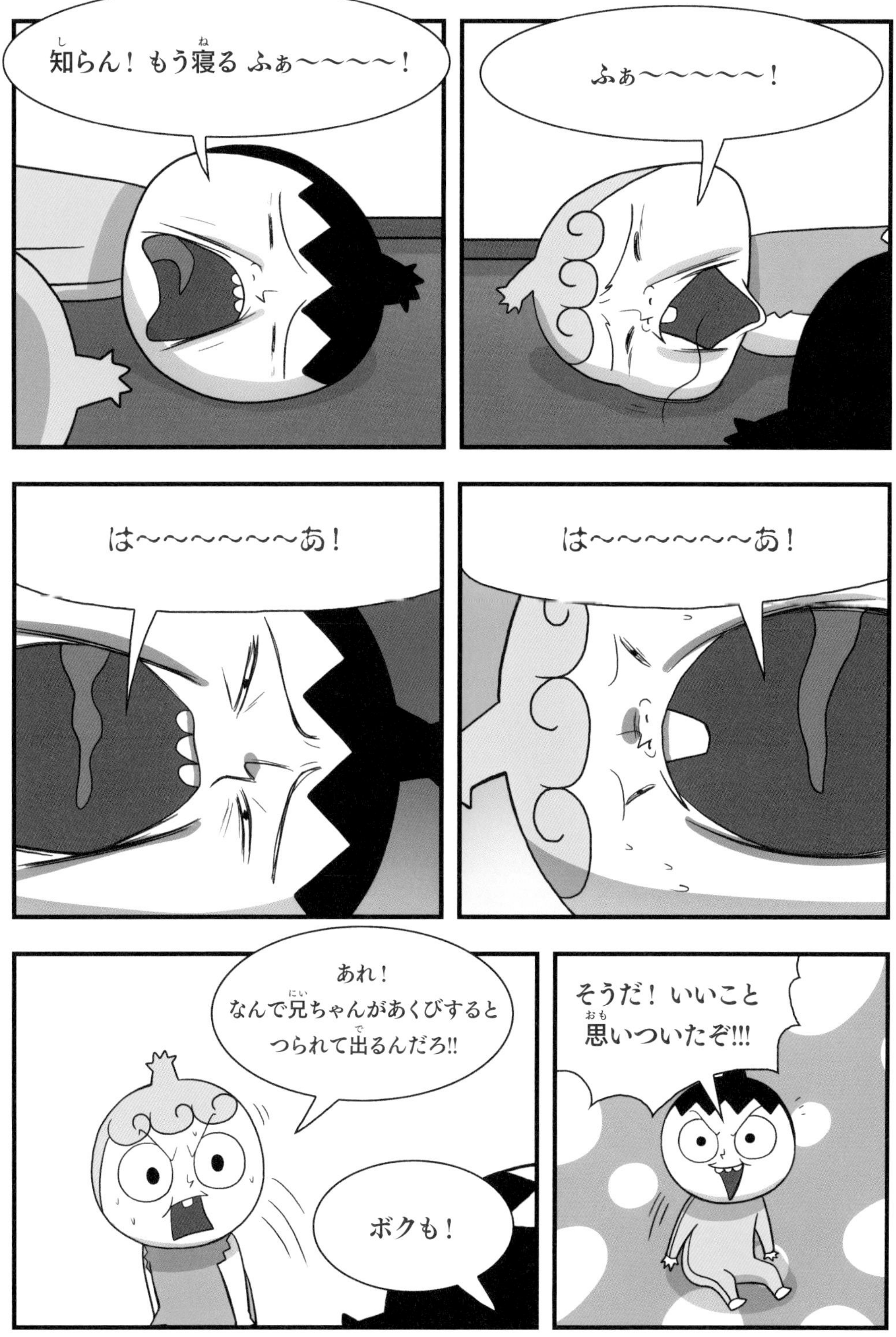

知らん！もう寝る ふぁ〜〜〜〜！
ふぁ〜〜〜〜〜！
は〜〜〜〜〜〜あ！
は〜〜〜〜〜〜あ！
あれ！
なんで兄ちゃんがあくびすると
つられて出るんだろ!!
ボクも！
そうだ！いいこと
思いついたぞ!!!

新たなマシーンのアイディアが浮かんだ!!
タッタッ
楽しいこと？
あったりまえだろ!!
よ〜く混ぜるんだぞ！
人工の皮ふをつくるんだから
カチャカチャ
ペタ
ペタ ペタ
スーッ スーッ

ジャン
ナニこれ キモチ悪い…！
へへへ だが効果は バツグンのはず！
ふぁ〜〜〜〜〜！
ふぁ〜〜〜〜〜！
うわあ！ すごいねこれ！ つられていっしょに あくびが出ちゃうよ！
フッフッフ！ 成功のようだ！

ママ 今日の夕飯のおかずはなに？
おかずですって？食べられればなんでもいいんじゃなかったの？
それはそうだけど 量が多いかどうかが気になって…
うふふ 今日のメインはカルビスープよ！じつはね 結婚記念日なの！
にゅっ
わ～！カルビスープ？ママのカルビスープ…
サイコ
ふぁ～～～～～～～～！
ぴたっ

あんたがあくびをするほど いやがるってことは… いっそのこと 捨てたほうがマシね！
えっ ええっ!?
ザバーッ
ち…ちがうのよ 目の前に あくびをする顔が…
なに寝ぼけてるのよ
どうしたの？ そんな やつれた顔して
ハァ…昨日の夕飯の時間 いつもより40分も おくれたの！
みんな！ 先生の初恋の 話をしてやろうか？
はいっ!!
はああああい!!

いまから10年前…
大学入試に失敗して予備校に通っていたころのことだ
ひどいカゼをひいて数日 予備校を欠席してな…
ゴホゴホ
ふぅ！ やっとましになった！
ゴン！
カゼひいてたの？ 何日も出てこないから
コーヒー
心配したじゃない！ 聞ける人もいないし！
それで先生の電話番号を…
ふぁ～～～～～～！

つかめ！ 理科の常識

あくびはどうして出る？

授業中にあくびが止まらなくて困ったことはないかな。あくびってどうして出るんだろう。人があくびをする理由は完全にはわかっていなくて、いくつかの説が考えられているよ。

ひとつは、脳が酸素不足になっている時に、酸素を脳に送りこむため。脳が働くためにはたくさんの酸素が必要なんだ。だから酸素が不足すると、あくびをして空気を一気に吸い、体内に酸素を取り入れていて、血管を通して脳に酸素を送っていると考えられている。

また、睡眠不足の時に、大きく口を開けることで脳を覚醒させる効果があるともいわれている。

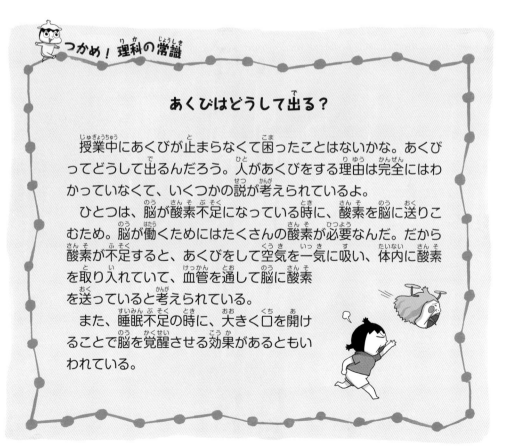

人のあくびと動物のあくび

眠くないのに出るあくびを「生あくび」というよ。生あくびがひんぱんに出る場合は、病気のサインかもしれないんだ。たとえば脳に酸素や栄養を送る脳血管が詰まって、脳に障害が起こる脳梗塞という病気の時には、生あくびがよく出るといわれているよ。

ところで、あくびをしている人を見ると、つい自分もしちゃうことがあるけど、それはどうしてだろう。あくびがうつる原因も、じつはよくわかっていないんだ。同じ部屋にいる人のあくびがうつることがあるけれど、それは部屋の換気が悪くて酸素が不足気味になっていて、そのためにみんなが次々とあくびをするのかもしれないね。

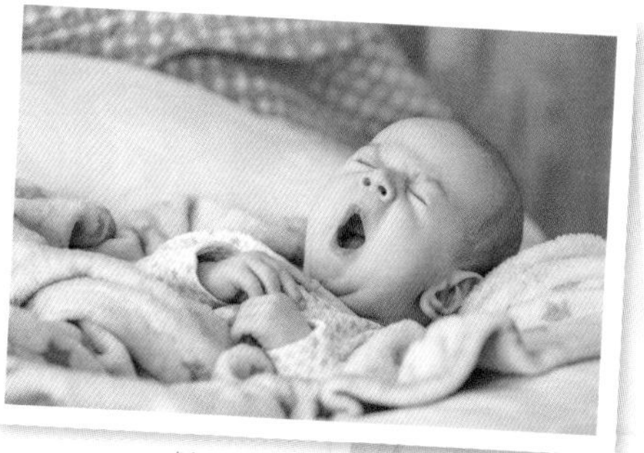
あくびをする赤ちゃん

かい主といっしょにあくびをするネコ

あくびをする子ども

あくびをするブタ

あくびをするイヌ

あくびをするライオン

それに、あくびがうつるというのは、心理的なえいきょうもあるようだ。となりの人が笑うとつられて笑ってしまうように、あくびをしている人を見ると、ついいっしょにしたくなるってこと。これは人だけじゃないんだって。たとえば、かい主と動物がいっしょにあくびをすることも多いらしいよ。おもしろいだろう？ 家でかっている動物がいたら、つられるかどうか、一度試してみてごらん。

動物もあくびをするのかだって？ もちろん動物だってあくびをするさ。動物も人と同じように、酸素が足りていなかったり睡眠不足だったりするとあくびが出るみたいだよ。家にイヌやネコがいるなら、よく観察してごらん。いつ、どんなふうにあくびをしているのかを観察したら、きっと楽しいよ。

18 親孝行の第一歩

ツメってどうしてあるの？

……！
なんなの？ その
ヘンテコなかっこう
シャキッ
オッホン！
師しょうの前でなんだ
その言葉づかいは！
さあ 行儀よく座るんだ！
ワタシが教えを
説いてやる！
しゃん
身体髪膚
これを
父母に受く！

身体のゲップ…？ なにそれ？
ゲップじゃなくて髪膚！ 孔子の教えで 「人間の体と髪 皮ふすべては父母から 授かったもの」という意味じゃ
そのあとに「だからこれを傷つけず 大切にすることが親孝行のはじまり である」と続くのだよ！
ふうん… よくわかんないけど きっといいことなんだね!?
母上 おかえりなさいませ！
おかえりなさいませ
ぺこり
…なにやってんのよ!?

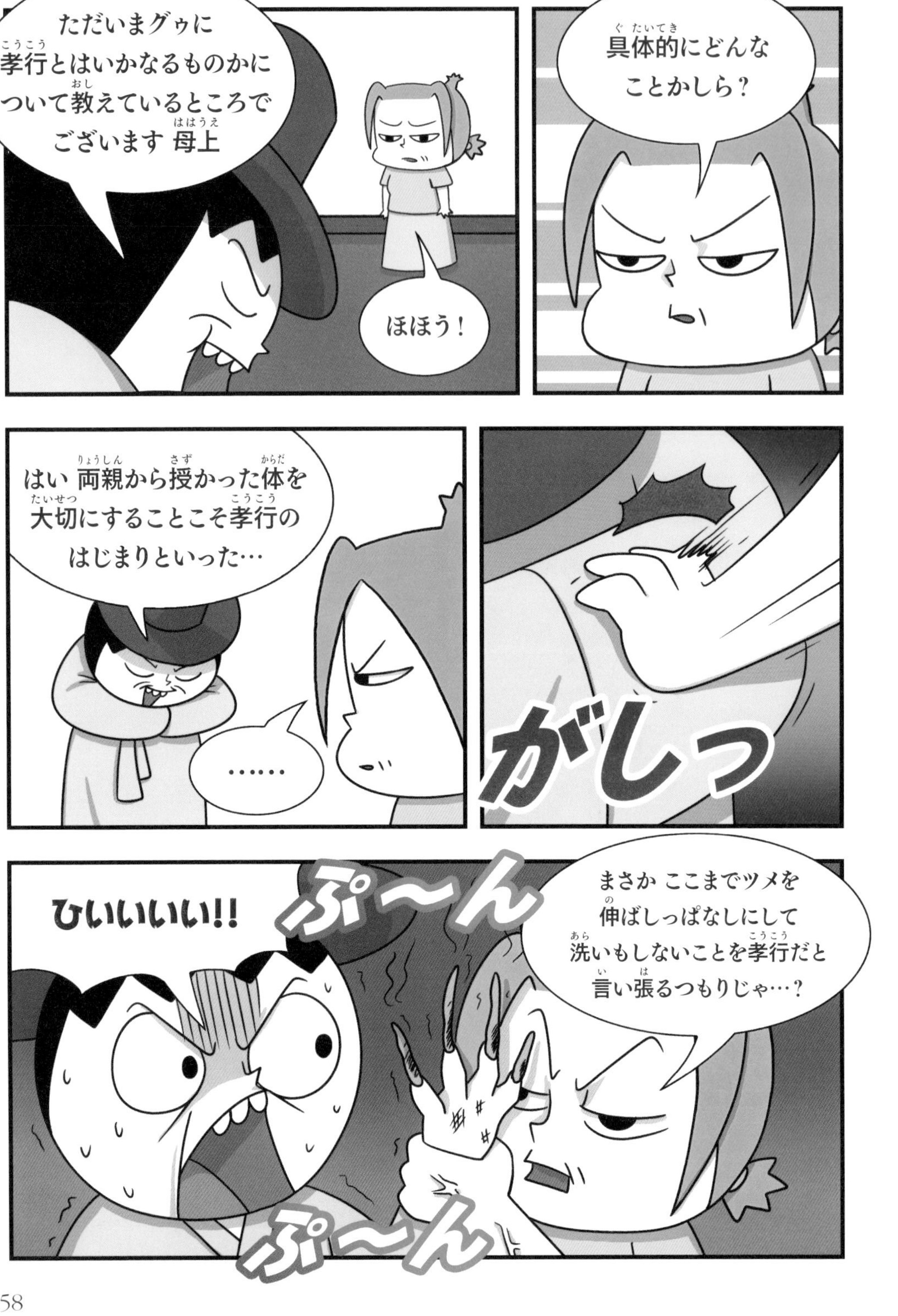
ただいまグゥに孝行とはいかなるものかについて教えているところでございます 母上
ほほう！
具体的にどんなことかしら？
はい 両親から授かった体を大切にすることこそ孝行のはじまりといった…
……
がしっ
ひいいいい!!
ぷ～ん
まさか ここまでツメを伸ばしっぱなしにして洗いもしないことを孝行だと言い張るつもりじゃ…？
ぷ～ん

そんな孝行はしなくて
けっこう！ とっととツメを
切って手を洗いなさい!!!
ツメは皮ふの角質層が変化したもの！
父母から授かった大切な角質層を切るなど
ワタシにはできませぬ!!

つかめ！ 理科の常識

ツメは皮ふの角質層が硬く変化したもの

ツメをかんで怒られたり、伸ばしっぱなしにしていて注意されたことはない？　ツメがなかったら怒られることもないのにな。だけど、もしも指がやわらかい肉だけでできていてツメがなかったら、きっと大変だよ。物がつかみにくいだろうし、するどい物でケガをすることも多いだろうし。このように、手足のツメはそれぞれの指を補助し、保護する役割があるんだよ。

ツメは硬いから骨と同じ成分でできているように思えるけど、じつは皮ふの角質層が変化したもの。髪の毛と同じように、根元から上へと伸び続け、手の指のツメは一日に約 0.1㎜ずつ伸びるんだって。つまり、一年で約 3.6㎝伸びるってことだからこまめに切ろうね。

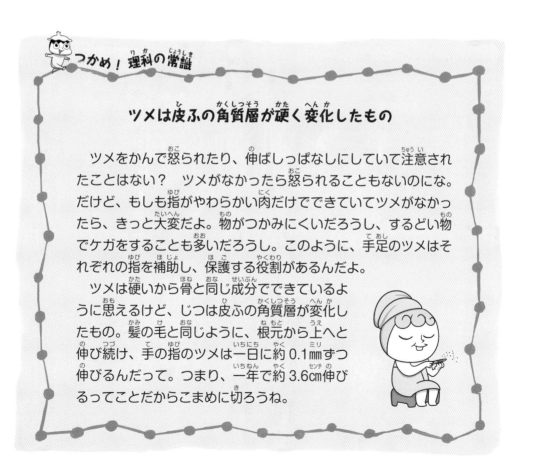

19 横取りして食べるおやつが一番おいしい！

針金が氷を通過する？

うわん！兄ちゃん
ありがとう!!
ヘッヘッヘ！
チョコ…ドリンク？
グゥがあれほど
感激するところを見ると
相当おいしいようだわね！
それならちょっと
いただこうかしらん？
今回のはこれまで以上の
できだぞ こおらせたら
ウマさ100倍になること
まちがいなしさ！
ジュリちゃんに
見つかる前に
急いで冷凍しよう！
ハハン そうくるわけね？
だったらこっちもおいしく
なったところでいただくわよ

チョロ チョロ
あとはこおるまで しっかり冷蔵庫の 番をしてるんだぞ！
はいっ！
あっちもガードが 堅いわね！ こうなったら 根くらべね！ どっちが 勝つか見てなさい！
スーッ
ぐう ぐう
コトン

じゅるっ
スッ
う〜ん！ これこれ まさしくこの味〜!!
こんなチョコレート 世界中のどこにも ないはずだ！
このまま置いておいたら きっと ジュリちゃんに食べられちゃうよ でもいま全部食べちゃうのも もったいないし…！
ふむ！
だったら こおったチョコを 針金でつなげておくか！
それを冷凍庫に入れて 冷蔵庫ごとチェーンで巻いておいたら さすがのジュリにもぬすめないだろ！

グッド
アイディアだね！
フフ だろ？
けど 氷に針金を通すって
ことはドリルを使うの？
こなごなにならない？
ウィーン
バキッ
いや！ ドリル
なんていらないよ！
いいか！
こおったチョコの
上にこうして
針金を置いて
両端に おもりをつけて
針金がくいこむように
するんだ
すると針金がくいこんだ
部分が溶けていって
どんどん下にさがるだろ
スルッ

溶けた部分は針金が通過すると すぐに周りの冷気でまたこおって ふさがるんだよ！ この過程をくり返すことによって 針金は氷のなかまで進んでいく
コチン
カチン
じゃあ そのままに しておいたら…
氷はそのままで 針金だけが 底まで下がるよな
だから針金が 下がりすぎないうちに おもりをとるんだよ！
サッ
サッ
おもりで押されないから 針金もこれ以上 下がらないね！
チョコチェーンの 完成!!
ワッハッハ!! ご苦労であったな みなの衆!!
ガ
バッ

うわああ！！
そんなところに
かくれていたとは!!
パッ
そんな時間があったら
買って食べればいいだろ！
ガリ
ガリ
フフフ おやつはなんといっても
横取りするのが一番よ!!
なんなのこの味!?
飛ぶほどおいしい!!
ひとつずつくらいは
残しておいてあげようと
思ったけどムリだわ！
ビョーン
プハハハハ!!
ハァ〜！ せっかく
苦労してつくったのに…
ジュリに横取りされるとは!!
あきらめよう！
それが身のためだよ！
シュルシュル
うん？
キュッ

つかめ! 理科の常識

氷は解凍と冷凍をくり返して針金をなかまで通す

針金が氷を通過するって言われても、なかなか信じられないよね? まるでマジックのように針金が氷のなかまで通るところを見たら、きっとおどろくだろうな。みんなも実際にやってごらん。

まずは針金の両端に、おもりや重い石をぶら下げる。それから氷をビンの口に置いて、針金の中央を氷の上に置いてみて。すると、そのうちに針金が氷のなかに入っていって底までたどりつくよ。

それは、針金の両端にぶら下げたおもりによって氷に圧力が加わって、針金がふれた部分が溶けるからなんだ。だけど針金の周りは氷だから、溶けた部分は冷えてまたこおるんだよ。この過程をくり返して針金は氷の下まで進んでいくってわけ。

20 火、火、火の用心！

火事の時に水をかけるわけは？

兄ちゃん！
ちょっと聞きたいことがあるんだけど！
ふむ！ 最近よく質問するようになったな！ で なんだ？
火ってどうして出るの？
ううむ…火が気になってるのか！
火は物質が燃える現象のことで
この時に光と熱が発生する
火を起こすには3つの条件が
必要なんだ！

まずは燃える物質が必要だろ 紙や木 油 ガスといった 固体 液体 気体などさまざまだ
2つ目は酸素が必要だ 火は物質と酸素が結合する 現象だから 酸素は欠かせない
酸素
酸素
酸素
酸素
3つ目は発火点以上の 温度が必要だ
高温によって物質が酸素と 結合して火が起こるんだよ！
そうなんだ！
じゃあ どうやって消すの？
火を消すためには その3つの条件のうち ひとつ以上を 取りのぞけばいい
火に水をかけるのは 温度を下げて消す 方法だよ
ジュウウ

……！
ふうん！
兄ちゃん お水をかけても火が消えないのはどうして？
ふむ…
火を消すために水をかけちゃいけないケースが2つある
まずは油によって火が出た場合！油は水の上に浮くから水をかけたらいけないんだ！
油が水の上に浮いて火がほかにもうつるぞ！

それから ろう電による火事の場合！ この時も水をかけたらダメだぞ！
水によって電気がより通りやすくなる！
じゃあ そういう場合はどうやって消せばいいの？
そういう時は 水をかけて温度を下げるんじゃなくて 酸素をしゃ断する方法を使うんだよ！
酸素がこないじゃないか！
酸素
消火器を使って消すのが一番いい方法だな！
家に消火器あるの？
ああ！ ミニ消火器があるぞ

ねえ
もっと大きな
消火器ないの？
ああ ない！
さっきからおまえ なんで
行ったり来たりしてるんだ？
落ち着かないだろ!!
火事になったの！
水をまいたら
広がっちゃった！
ナニ!!？
だから消火器を使ってみたけど
これじゃ小さすぎるみたい！
まずは119番に通報
しないとダメだろ!!
もしもし！
消防署ですよね!?

★絶対にマネしないでね★

つかめ！理科の常識

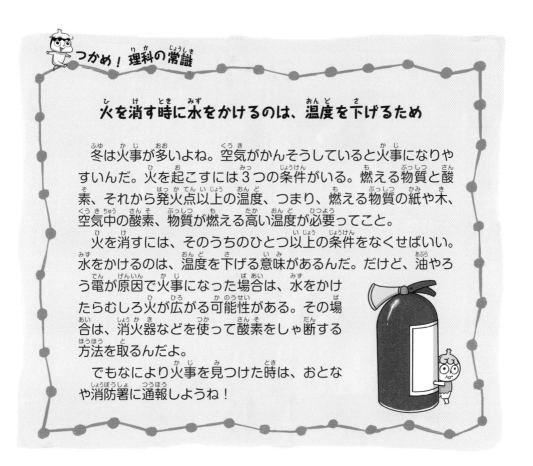

火を消す時に水をかけるのは、温度を下げるため

冬は火事が多いよね。空気がかんそうしていると火事になりやすいんだ。火を起こすには３つの条件がいる。燃える物質と酸素、それから発火点以上の温度、つまり、燃える物質の紙や木、空気中の酸素、物質が燃える高い温度が必要ってこと。

火を消すには、そのうちのひとつ以上の条件をなくせばいい。水をかけるのは、温度を下げる意味があるんだ。だけど、油やろう電が原因で火事になった場合は、水をかけたらむしろ火が広がる可能性がある。その場合は、消火器などを使って酸素をしゃ断する方法を取るんだよ。

でもなにより火事を見つけた時は、おとなや消防署に通報しようね！

世界のすごい科学者

トーマス・エジソン

Thomas Alva Edison

(1847年2月11日生まれ - 1931年10月18日没)

トーマス・エジソンは、「発明王」といえば真っ先に彼の名前が挙がるほど、近現代で最も優れた発明家です。アメリカで生まれたエジソンは、幼いころから好奇心がおう盛で、変わり者でした。そんな彼は学校の先生の手に負えず、3か月で学校をやめることになりました。だれもが彼をバカにしていましたが、エジソンのお母さんだけは、みずから彼に勉強を教え、息子のことを信じてあげました。エジソンのほうも、そんな母の信頼にこたえるため、一生けん命でした。

▲トーマス・エジソン

知りたがり屋のエジソンは、手あたり次第に実験をしました。卵をふ化させるために自分で卵を抱いたり、新聞をつくって売ることもありました。鉄道の貨物車両で実験をしていて火事を出してしまい、車掌さんに追い出されたこともありました。その後もエジソンは実験を続けました。一生涯、実験と発明に没頭した彼は、1000以上の特許を取った人物として記録されています。

エジソンの発明品と技術改良品は数えきれないほどありますが、なかでも白熱電球、蓄音機、電話、撮影機、映写機などは、人々のくらしを便利にしてくれたものです。エジソンの特許第1号だった電気投票記録機は、すばらしい発明品ではありましたが、人々にとって必要なものではなかったため、じつはそれほど歓迎されませんでした。そこでエジソンは、人に必要とされるものを発明する決意をします。

とくに電球は、エジソンの業績のなかでも最高のもののひとつとされています。エジソンは、初めて電球を発明した人物ではありませんが、彼がつくった電球のおかげで多くの人々が明るい夜を過ごすことができ、ようやく電気の時代の幕開けとなりました。当時の電球は明かりをつけてもすぐに消えてしまったため、実用的ではありませんでした。そこでエジソンは数多くの実験をへて、電球の問題点を改善し、なんと1200時間以上も光り続ける電球をつくり出したのです。また、彼は一般の人にも電球が買えるように、値段を下げる努力を行っていたため、商業的な面でも立派だったといえます。

▲エジソンがつくり出した電球

エジソンは、これまでになかったものを生みだすというより、いまあるものを改善し、補完する研究に力を入れました。1879年、エジソンは特許の申請をする際に、「わたしは、わたしより前の、最後の人がやり残したところから出発する」という言葉を残しているそうです。ほかの人が発明したものや、完成できずにいた発明品を改善し、普及させる努力をしたのです。エジソンが取得した特許が1000を超えるのは、あきらめることなく実験を続ける情熱と、すでに別の人がつくった、そのアイディアを生かしたおかげではないでしょうか。

エジソンは蓄音機をつくるのに、2万5000回の実験に失敗しましたが、彼は自分は失敗したのではなく、蓄電器が作動しない2万5000通りの方法を見つけたにすぎないと考えたそうです。

彼は失敗してもくじけず、実験をやめることはありませんでした。実験と発明に対する情熱こそが、彼を発明王にした原動力だったのではないでしょうか。

科学クイズにチャレンジ！

下の絵は砂糖水をつくる過程です。絵を見てQ１とQ２の問いに答えてください。

溶質	Ⓑ	溶液
別の物質に溶ける物質	溶質を溶かす物質	２種類以上の物質が混ざった混合物

Q1. Ⓐは、ある物質が別の物質に溶けて均一に混ざりあった現象をいいます。Ⓐに入る言葉はなんですか。

…………………………

Q2. Ⓑに入る言葉はなんですか。

…………………………

Q3. 人の体で起きる現象と説明を正しく結んでください。

①しわ ・	・	㋐脳に酸素を供給するためなどに行われるとされる呼吸です。
②いびき ・	・	㋑年を取ることなどで、皮ふのなかの水分や皮下脂肪が不足するとできやすくなります。
③あくび ・	・	㋒気道がせまくなり、口蓋垂や口蓋に空気がふれて出る音です。

Q4. 植物が種を遠くに飛ばす方法はさまざまです。どんな方法があるか、いくつか挙げてください。

…………………………

Q5. スナックがしの袋に窒素を入れる理由として、正しい説明を選んでください。

①おかしといっしょに食べたらおいしいから。

②空気からは得られにくく、高価だから。

③おかしの量を多く見せるため。

④おかしが割れないようにするため。

Q6. ひとつのかごいっぱいに、大きさと色が同じガラス玉と鉄球が混ざっています。ガラス玉と鉄球をそれぞれ別のかごに移すにはどうすればいいか、説明してください。

Q7. 次の例文を読んで、(　　　) に入る言葉を書いてください。

(　　　　　　　　　　　　　　　　)

(　　　) とは、電線を流れる電気とちがい、ほとんど動かない電気のことをいいます。物体同士を摩さつすると、一方の物体からもう一方の物体に電子が移動して、電気的な性質がかたよります。これを帯電といい、(　　) がたまった状態です。この状態で金属製のドアノブなどにふれると、たまっていた (　　) が一気に放出されて、バチッとショックを受ける原因になります。

答え

1. 溶解　　2. 溶媒　　3. ①−㋑、②−㋒、③−㋐
4. 動物が実を食べて、ウンチをして実のなかにあった種を遠くに運びます。タンポポやモミジの種は、風を利用して遠くに飛ばします。また、アサガオや豆のような植物は、みずから実をはじけさせて遠くに飛ばします。
5. ④　窒素は空気中に最も多く存在するので手に入りやすく、ほかの物質と反応しにくいので、おかしの味を保つことができます。また、おかしが割れずに本来の形を維持させるためにも窒素を入れます。
6. 混合物の特性を利用して分けます。鉄球の性質を利用して、磁石で鉄球を選び出します。
7. 静電気

놓지 마 과학! 6 : 정신이 실험에 정신 놓다
by Shin Tae-hoon, Na Seung-hoon

Original Korean edition published by Wisdom House, Inc.
Japanese translation rights arranged with Wisdom House, Inc.
through Japan UNI Agency, Inc.

つかめ！理科ダマン ⑥
みんなが実験に夢中！編

2024年4月11日　第1刷発行
2024年5月30日　第3刷発行

著　者　シン・テフン（原作）
　　　　ナ・スンフン（漫画）

訳　者　呉 華順

発行者　鉄尾周一

発行所　株式会社マガジンハウス
〒104-8003　東京都中央区銀座3-13-10
書籍編集部　☎03-3545-7030
受注センター　☎049-275-1811

印刷・製本所　三松堂株式会社

ブックデザイン　bookwall
DTP　茂呂田剛、畑山栄美子（有限会社エムアンドケイ）

ISBN978-4-8387-3268-5 C8340

マガジンハウスのホームページ　https://magazineworld.jp/